建筑业农民工业余学校培训教材

焊　工

建设部人事教育司组织编写

中国建筑工业出版社

图书在版编目(CIP)数据

焊工/建设部人事教育司组织编写. —北京：中国建筑工业出版社，2007

(建筑业农民工业余学校培训教材)

ISBN 978-7-112-09646-6

Ⅰ. 焊… Ⅱ. 建… Ⅲ. 焊工-技术培训-教材 Ⅳ. TG443

中国版本图书馆 CIP 数据核字(2007)第 159544 号

建筑业农民工业余学校培训教材

焊　　工

建设部人事教育司组织编写

*

中国建筑工业出版社出版、发行(北京西郊百万庄)

各地新华书店、建筑书店经销

北京天成排版公司制版

北京云浩印刷有限责任公司印刷

*

开本：787×1092 毫米 1/32 印张：4¼ 字数：93 千字

2007 年 11 月第一版 2015 年 9 月第四次印刷

定价：**11.00** 元

ISBN 978-7-112-09646-6

(26492)

本书是依据国家有关标准规范并紧密结合建筑业农民工相关工种培训的实际需要编写的，主要内容包括：焊接入门知识、电弧焊、气焊与气割、钢筋焊接、焊件检验、劳动保护和安全等六部分内容。本书的编写考虑了建筑施工现场的实际情况和设备情况，对农民工技术提高具有很大帮助。

本书可作为农民工业余学校的培训教材，也可作为建筑业工人的自学读本。

* * *

责任编辑：朱首明　李　明

责任设计：董建平

责任校对：孟　楠　刘　钰

建筑业农民工业余学校培训教材编写委员会

序　言

农民工是我国产业工人的重要组成部分，对我国现代化建设作出了重大贡献。党中央、国务院十分重视农民工工作，要求切实维护进城务工农民的合法权益。为构建一个服务农民工朋友的平台，建设部、中央文明办、教育部、全国总工会、共青团中央印发了《关于在建筑工地创建农民工业余学校的通知》，要求在建筑工地创办农民工业余学校。为配合这项工作的开展，建设部委托中国建筑工程总公司、中国建筑工业出版社编制出版了这套《建筑业农民工业余学校培训教材》。教材共有12册，每册均配有一张光盘，包括《建筑业农民工务工常识》、《砌筑工》、《钢筋工》、《抹灰工》、《架子工》、《木工》、《防水工》、《油漆工》、《焊工》、《混凝土工》、《建筑电工》、《中小型建筑机械操作工》。

这套教材是专为建筑业农民工朋友"量身定制"的。培训内容以建设部颁发的《职业技能标准》、《职业技能岗位鉴定规范》为基本依据，以满足中级工培训要求为主，兼顾少量初级工、高级工培训要求。教材充分吸收现代新材料、新技术、新工艺的应用知识，内容直观、新颖、实用，重点涵盖了岗位知识、质量安全、文明生产、权益保护等方面的基本知识和技能。

希望广大建筑业农民工朋友，积极参加农民工业余学校的培训活动，增强安全生产意识，掌握安全生产技术；认真学习，刻苦训练，努力提高技能水平；学习法律法规，知法、懂法、守法，依法维护自身权益。农民工中的党员、团员同志，要在学习的同时，积极参加基层党、团组织活动，发挥党员和团员的模范带头作用。

愿这套教材成为农民工朋友工作和生活的“良师益友”。

建设部副部长：黄卫

2007年11月5日

前　言

本书是建筑业农民工业余学校培训教材之一，主要面向那些有志于掌握焊接技术的农民工朋友。本书编写的起点比较低，没有讲述金相学的知识，也没有制图和识图的内容（这些知识都可以写很厚的书），目的只有一个，就是让读者快速掌握焊接的操作要领和技能。本书的侧重点在于入门和操作技能，重点解决放下书后如何拿起焊接工具，已经掌握基本焊接技术的人如何进一步提高自己。

本书由刘广文、柳锋编写，方启文、冯志军审阅。

希望本书的出版能够为广大农民工朋友掌握焊接技术提供一定的帮助！

目　录

一、焊接入门知识

（一）焊接的概念及分类

1. 焊接的概念

焊接是指通过适当的物理化学过程使两个分离的固态物体产生原子(分子)间结合力而连接成一体的连接方法。

由两个或两个以上工件焊合的接点叫做焊接接头，包括焊缝、熔合区和热影响区。被焊接的工件称为母材。焊接时用来填充母材间隙起连接作用的材料叫做焊接材料。焊接时形成的连接两个被连接体(工件)的接缝称为焊缝。焊缝的两侧在焊接时会受到焊接热作用，而发生组织和性能变化，这一区域被称为热影响区。焊缝和热影响区的分界线称为熔合线。焊缝表面的像水波一样的纹路称为焊波。工件表面的焊缝与工件原材相交处称为焊趾。两焊趾的连线高出工件的部分称为余高。两焊趾的距离称为焊缝宽度。在焊缝的横截面上，工件母材的熔化深度称为熔深。如图 1-1 所示。

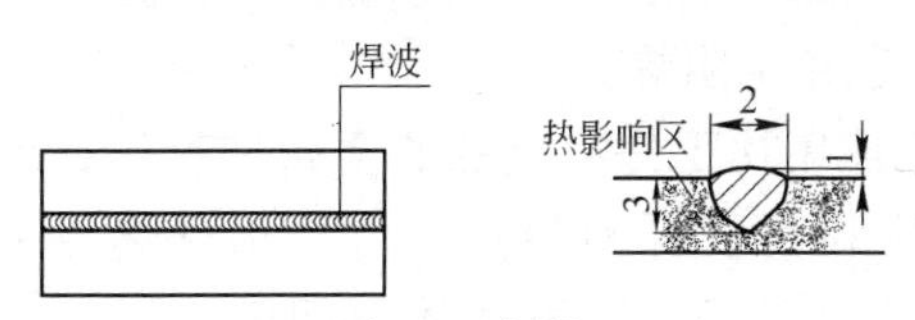

图 1-1　焊缝

1—余高；2—焊缝宽度；3—熔深

焊接时因母材、焊接材料、焊接电流等不同，焊后在焊缝和热影响区可能产生过热、脆化、淬硬或软化现象，使焊件性能下降。这就要制定合理的焊接工艺参数，采取焊前预热、焊时保温和焊后热处理等措施以改善焊接质量。

另外，焊接是一个局部的迅速加热和冷却过程，焊接区由于受到四周工件本体的约束而不能自由膨胀和收缩，冷却后在焊件中便产生焊接应力和变形，重要产品焊后都需要消除焊接应力，矫正焊接变形。

2. 常见的焊接类型

金属焊接方法有四十多种，常用的焊接方法可分为三大类，即：熔化焊、压力焊、钎焊。熔化焊中又分为气焊、电弧焊、电渣焊、等离子弧焊等等。

熔焊是在焊接过程中将工件接口加热至熔化状态，产生晶体间的结合，完成焊接的方法。熔焊时，热源将母材接口处迅速加热熔化，形成熔池。熔池随热源向前移动，冷却后形成连续焊缝而将两母材连接成为一体。

在熔焊过程中，若大气与高温的熔池直接接触，会使金属氧化并在随后冷却过程中在焊缝中形成气孔、夹渣、裂纹等缺陷，会严重影响焊接质量，为此人们研究出了各种保护方法，如气体保护电弧焊、埋弧焊和带药皮的焊条。

压力焊是在加压条件下，使两母材实现原子间结合。常用的压焊工艺是电阻焊。

钎焊是使用比工件熔点低的金属材料作钎料，将工件和钎料加热到高于钎料熔点、低于工件熔点的温度，利用液态钎料润湿工件，填充接口间隙，从而实现焊接的方法。

（二）常用焊接材料

焊接时所消耗的材料称为焊接材料。常用的手工电弧焊材料是焊条，气焊和埋弧焊材料是焊丝和焊剂。

1. 手工电弧焊焊接材料

焊条是手工电弧焊的焊接材料，由焊芯和药皮两部分组成，如图 1-2 所示。

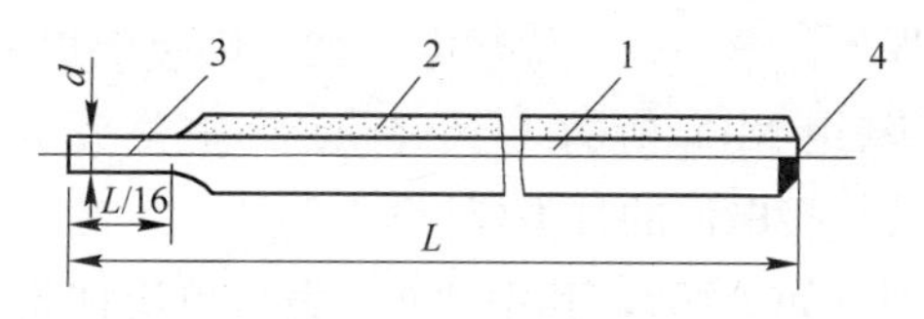

图 1-2　电焊条

1—焊芯；2—药皮；3—夹持端；4—引弧端

焊芯是指焊条内的金属丝，它具有一定的直径和长度。焊芯的直径称为焊条直径，焊芯的长度即焊条长度。焊芯在焊接时的作用有两个：一是作为电极传导电流，产生电弧；二是熔化后作为填充金属，与熔化的母材一起组成焊缝金属。

按国家标准 GB 14957—1994 和 GB 17854—1999 规定，用于焊芯的专用钢丝(简称焊丝)分为碳素结构钢、低合金结构钢和不锈钢三类。常用碳素结构钢焊丝牌号有 H08、H08A 和 H08E 等。牌号中“H”表示焊条用钢，“A”表示高级优质，“E”表示特级优质。

药皮是压涂在焊芯表面的涂料层，它由矿石粉、铁合金粉和粘结剂等原料按一定比例配制而成。其主要作用是防止金属氧化、添加有益的合金元素和改善焊条工艺性，如使电弧易于引燃，保持电弧稳定燃烧，有利焊缝成形，减少飞溅等；在电弧热量作用下，药皮分解产生大量气体隔离熔化的金属，避免被空气中的氧气氧化，并能去除熔池中的有害杂质，形成熔渣，对熔化金属起保护作用，改善焊缝质量。

焊条牌号是对焊条产品的具体命名。它是根据焊条的主要用途及性能特点来命名的。焊条牌号通常以一个汉语拼音字母(或汉字)与三位数字表示。

焊条牌号如 J422，其中“J”表示焊条的用途(见表 1-1)为结构钢焊条，第一、二位数字“42”则表示焊缝金属的抗拉强度等级(用 MPa 值的 1/10 表示)，末位数字“2”表示药皮类型及焊接电源的种类(见表 1-2)。

焊条牌号如 A132，其中“A”表示奥氏体不锈钢焊条；第一位数字表示焊缝金属主要化学成分组成等级，“1”等级表示含 Cr 量约为 19%，含 Ni 量约为 10%；第二位数字表示同一焊缝金属主要化学成分组成等级中的不同牌号、品种，以此来区别镍铬之外的其他成分的不同；末位数字表示药皮类型和焊接电源种类，见表 1-2。

焊条可以按用途、熔渣酸碱度和药皮的主要成分进行分类。

焊条按用途分类，通常焊条按用途可分为十大类，如表 1-1 所示。

焊条用途大类的划分 **表 1-1**

序号	焊条大类	代号	
		汉字	拼音
1	结构钢焊条	结	J
2	钼及铬钼耐热钢焊条	热	R

续表

序号	焊条大类	代号	
		汉字	拼音
3	铬不锈钢焊条	铬	G
	铬镍不锈钢焊条	奥	A
4	堆焊焊条	堆	D
5	低温钢焊条	温	W
6	铸铁焊条	铸	Z
7	镍及镍合金焊条	镍	Ni
8	铜及铜合金焊条	铜	T
9	铝及铝合金焊条	铝	L
10	特殊用途焊条	特	TS

电焊条按熔渣的酸碱度分类，通常可分为酸性焊条和碱性焊条两大类。酸性焊条焊接工艺性能好，成形美观，去渣容易，不易产生气孔和夹渣等缺陷。但由于药皮的氧化性较强，合金元素的烧损大，焊缝金属的机械性能比较低。酸性焊条一般均可用交直流电源。焊接中常见的酸性焊条是J422。

碱性焊条焊接的焊缝机械性能良好，冲击性能比较高，因此主要用于重要结构的焊接。必须注意，由于焊接产生的气体、粉尘有害于焊工身体健康，必须加强现场的通风排气，以改善劳动条件。焊接中常见的碱性焊条是J506、J507。

焊条按药皮的主要成分分类。焊条药皮由多种原料组成，按照药皮的主要成分可以确定焊条的药皮类型。例如，当药皮中含有30%以上的二氧化钛及20%以下的钙、镁的碳酸盐时，就称为钛钙型。前面提到的焊条牌号的末位数字表示焊条的药皮类型。药皮类型分类见表 1-2。

焊条牌号中末位数字的意义　　　　表 1-2

数字	药皮类型	特　　点	电源
1	氧化钛型（酸性）	焊接工艺性好，适用于各种位置焊接，特别适用于薄板焊接；焊缝金属塑性和抗裂性能较差	交流或直流
2	钛钙型（酸性）	焊接工艺性好，适用于各种位置焊接	
3	钛铁矿型（酸性）	焊接工艺性好，适用于各种位置焊接	
4	氧化铁型（酸性）	焊接工艺性较差，焊缝金属抗裂性能较好，适宜中厚板平焊，立焊及仰焊操作性能较差	
5	纤维素型（酸性）	焊接工艺性较差，焊缝金属抗裂性能良好，适用于含碳量较高的中厚板焊接，立焊及仰焊操作性能较差	
6	低氢型（碱性）	焊接工艺性一般，焊缝金属具有特别良好的抗热裂性能和机械性能，适宜于焊接重要结构	
7			直流

碳钢焊条的型号。碳钢焊条的型号由英文字母和四位数字组成。焊条型号如 E4315，其中“E”表示焊条；前两位数字表示熔敷金属抗拉强度的最小值，单位为 MPa 值的 1/10；第三位数字表示焊条的焊接位置，“0”及“1”表示焊条适用于全位置焊接(平、立、仰、横)，“2”表示焊条适用于平焊及平角焊，“4”适用于向下立焊；第三位和第四位数字组合时表示焊接电流种类及药皮类型。举例如下：

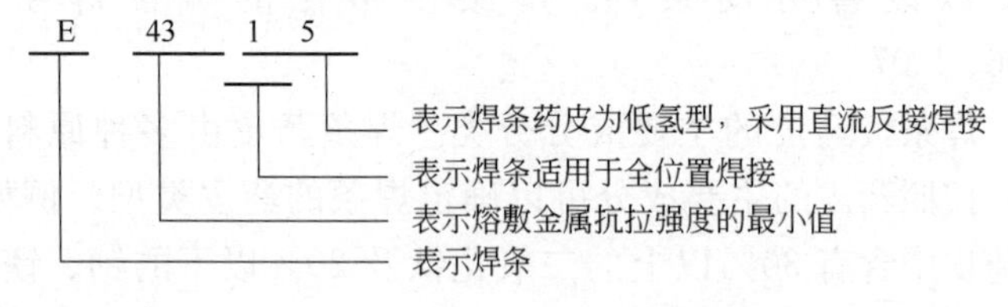

低合金钢焊条型号。低合金钢焊条型号编制方法与碳钢焊条基本相同，焊条型号如 E5018-A1，但后缀字母为熔敷金属的化学成分分类代号，并以短划“-”与前面数字分开。如还具有附加化学成分时，附加化学成分直接用元素符号表示，并用短划“-”与前面后缀字母分开，举例如下：

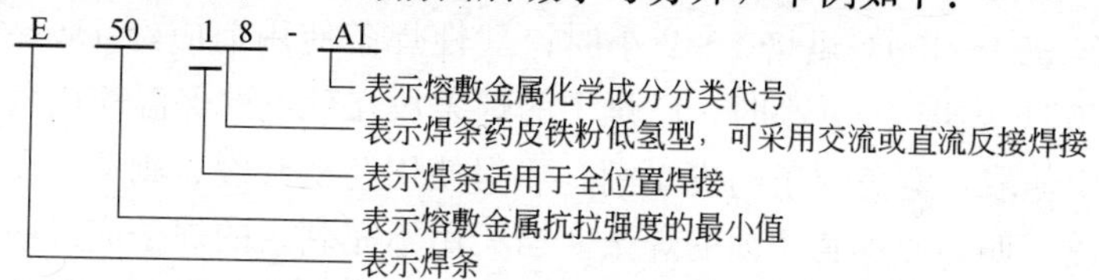

不锈钢焊条型号。不锈钢焊条的型号由英文字母、三位数字和说明组成。焊条型号如 E308-15，字母 E 表示焊条，“E”后面的数字表示熔敷金属化学成分分类代号，如有特殊要求的化学成分，该化学成分用元素符号表示放在数字的后面，短划“-”后面的两位数字表示焊条药皮类型、焊接位置及焊接电流种类，见表 1-3。

不锈钢焊条类型分类 **表 1-3**

焊条类型	焊接电流	焊接位置
EXXX(X)-17	直流反接	全位置
EXXX(X)-26	直流反接	平焊、横焊
EXXX(X)-16	交流或直流反接	全位置
EXXX(X)-15	交流或直流反接	全位置
EXXX(X)-25	交流或直流反接	平焊、横焊

举例如下：

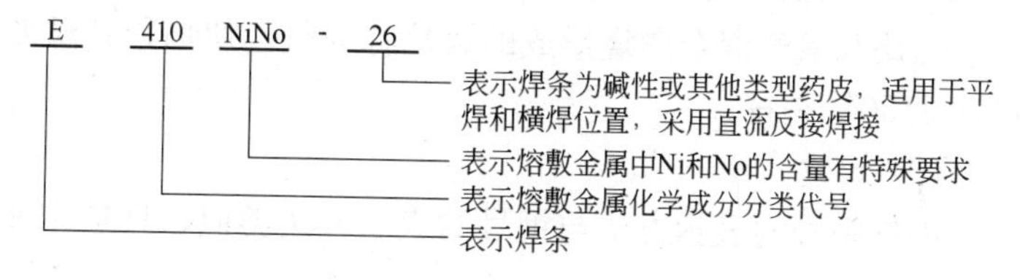

注意：世界上大多数国家都是将不锈钢焊条型号与不锈钢材代号相一致，这样有利于焊条的选择和使用，也便于进行国际交往。

焊条储存仓库的室内温度应≥5℃，相对湿度≤60%。一次出库焊条不能超过2天的用量。低氢碱性焊条使用前应经350～400℃烘焙1～2小时；酸性焊条使用前应经150～200℃烘焙1～2小时；已烘干的焊条放在现场的保温筒内随用随取，避免焊条药皮受潮。不得使用药皮开裂、剥落、变质、偏心或焊芯锈蚀的焊条。当天用不完剩余的焊条应及时回收入库保管，使用前应根据情况确定是否重新烘焙，焊条重复烘焙不能超过3次。

2. 气焊与气割材料

(1) 乙炔和氧气

气焊与气割使用的氧气纯度一般分为两级：一级纯度不低于99.2%，二级纯度不低于98.5%～99.2%。氧气纯度越高，与可燃气体混合燃烧的火焰温度则越高，它直接影响着气焊、气割工艺质量和效率。氧气中混入的氮气在焊接时会使焊缝氮化，影响焊缝质量。所以气焊与气割所使用的氧气纯度不应低于二级，质量要求较高的，应采用一级纯度的氧气。

乙炔，俗称电石气。它是一种易燃易爆气体。在标准状态时，密度为1.17kg/m^3，比空气轻。在空气中其自燃点为335℃，点火温度为428℃，点火能量为0.019mJ。

乙炔和氧气混合燃烧形成的火焰称为氧乙炔焰，其温度可达3150℃左右。

(2) 焊丝

焊丝牌号的表示方法与钢号的表示方法类似，只是在牌号的前面加上“H”。碳钢用焊丝牌号如H08、H08A、H10Mn2等，H后面的头两个数字表示焊丝平均含碳量的万分之几，焊丝中如果有合金元素，则将它们用元素符号依次写在碳含量的后面。当元素的含量在1%左右时，只写元素名称，不注含量；若元素含量达到或超过2%时，则依次将含量的百分数写在该元素的后面。若牌号最后带有A字，表示优质焊丝，S、P含量较少的优质焊丝。

焊丝的化学成分应与母材相匹配。焊接低碳钢时，常用的焊丝牌号有H08和H08A等。焊丝的直径根据焊件厚度来选择，一般为1～4mm。

焊丝储存仓库的温度应为10～40℃，相对湿度≤60%。不用时间超过3天的焊丝，应从送丝机构上取下，密封防潮保存。受潮严重的焊丝，使用前应经120～150℃，1～2小时烘焙。

（三）焊接电弧

1. 焊接电弧的概念

(1) 焊接电弧

焊接电弧就是在一定的电场作用下，将电弧空间的气体介质电离，使中性分子或原子离解为带正电荷的正离子和带负电荷的电子(或负离子)，这两种带电质点分别向着电场的两极方向运动，使局部气体空间导电，而形成电弧。

焊接电弧的引燃一般采用两种方法：接触引弧和非接触引弧。

手工电弧焊是采用接触引弧的。引弧时，焊条与工件瞬时接触造成短路，并产生相当大的电阻热，使这里的金属迅速加热熔化。当焊条轻轻提起时，焊条端头与工件之间的空间内充满了金属蒸气和空气，其中某些原子可能已被电离，阴极将发射电子，并以高速度向阳极方向运动，电弧开始引燃。只要这时能维持一定的电压，放电过程就能连续进行，使电弧连续燃烧。

非接触引弧一般借助于高频或高压脉冲引弧装置。

焊接电弧可分为三个区域，如图1-3所示，即阳极区、弧柱区和阴极区。用钢焊条焊接时，阴极区温度为2400℃左右，放出热量为电弧总热量的38%；阳极区温度为2600℃左右，热量占42%；弧柱区中心温度可达5000～8000℃，热量占20%左右。

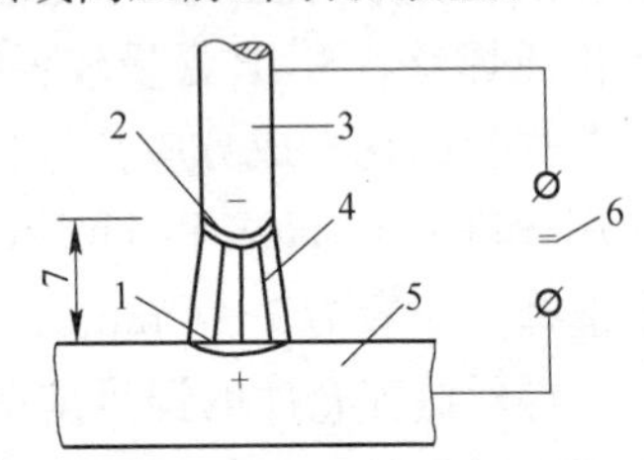

图1-3 焊接电弧图

1—阳极区；2—阴极区；3—焊条；4—弧柱区；5—工件；6—电焊机；7—电弧长度

(2) 焊接电弧长度

手弧焊时电弧长度是指焊芯熔化端到焊接熔池表面的距离。当电弧长度大于焊条直径时，称为长弧；电弧长度小于焊条直径时，称为短弧。

一般而言，酸性焊条宜用长弧，碱性焊条宜用短弧。在焊接时，电弧不宜过长，否则电弧燃烧不稳定，焊缝质量较差，焊缝表面的波纹不均匀。弧长过大，电弧容易左右摆动，熔池较浅，熔宽较大，容易产生气孔等缺陷。

V形坡口对接、角接的第一层应使电弧短些，以保证焊透，且不致发生咬边现象；第二层可使电弧稍长，以填满焊缝。焊缝间隙小时用短弧焊，间隙大时电弧可以稍长，并使焊接速度加大。薄钢板焊接时，为防止烧穿，电弧长度不宜过大。仰焊时电弧应最短，以防止熔化金属下淌；立焊、横焊时，为了控制熔池温度，也应用小电流、短弧施焊。

（3）焊接层数

对厚度较大的焊缝，必须分层多道焊接，这叫多层焊，如图 1-4 所示。多层焊和多道焊的接头显微组织较细。后焊道对前焊道有回火作用，可改善接头组织和性能。采用多层多道焊缝，一般每层焊缝的厚度不大于 4mm。

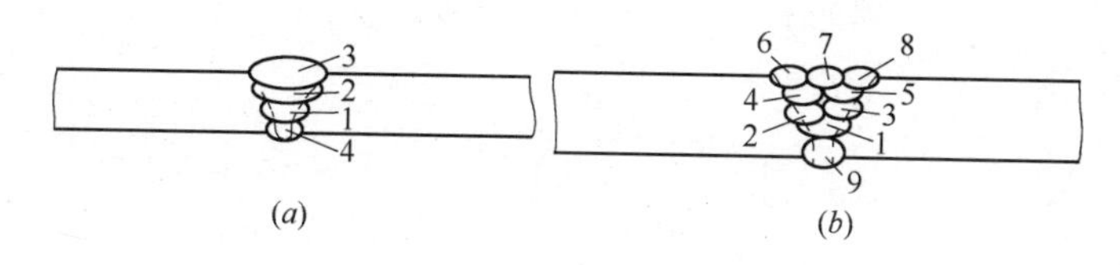

图 1-4　多层焊缝

(a)多层焊；(b)多道焊

（4）焊接速度

焊接速度应根据焊接工艺评定的规定严格掌握，原则是：保证焊缝具有所要求的外形尺寸、熔合良好。

2. 电弧的静特性

为了使电弧引燃后维持继续稳定燃烧，需要保持一定的电弧电压。当电弧稳定燃烧并保持长度不变，电弧电压与焊接电流之间的关系称为电弧静特性。图 1-5 是电弧的静特性曲线。由图可知，当焊接电流小于 30～50A 时，电弧电压随电流增大而急剧降低；当电流大于 30～50A 时，电弧电压几乎与电

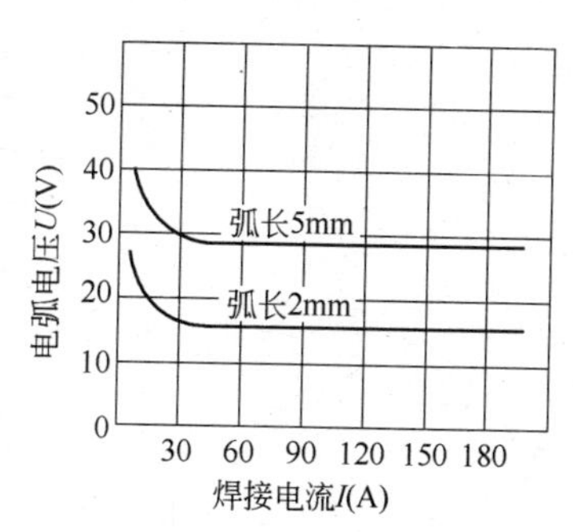

图 1-5　电弧静特性曲线

流大小无关。若电弧弧长增加，则电弧电压相应增高。因此，只要保持弧长一定，可在允许范围内调节电流大小，而不改变电弧电压数值，使之能够适应不同厚度材料的焊接。

电弧长度对焊接操作工艺有着很大影响。若电弧过长，电弧飘摆，燃烧不稳定，熔深减小、熔宽加大，并且容易产生焊接缺陷。若电弧太短，熔滴过渡时可能经常发生短路，使操作困难。

二、电 弧 焊

（一）手 工 电 弧 焊

1. 焊接设备

（1）弧焊机

1）弧焊机的种类

电弧焊需要专用的焊接电源，称为电弧焊机。手工电弧焊机简称弧焊机。弧焊机可分为交流弧焊机和直流弧焊机两类。

交流弧焊机实际上是一种具有一定特性的降压变压器。它把网路电压(220V 或 380V)的交流电变成适合于电弧焊的低压交流电。其结构简单、价格便宜、使用方便、维修容易、空载损耗小，但电弧稳定性较差。图 2-1 所示是一种目前较常用的交流弧焊机的外形，其型号为 BX1-400。型号中“B”表示弧焊变压器，“X”表示下降外特性(电源输出端电压与输出电流的关系称为电源的外特性)，“1”为系列品种序号，“400”表示弧焊机的额定焊接电流为 400A。

图 2-1 交流弧焊机

生产中常用的直流弧焊机有整

流式直流弧焊机和逆变式直流弧焊机等。

整流式直流弧焊机是电弧焊专用的整流器，故又称为弧焊整流器。它把网路交流电经降压和整流后变为直流电。整流弧焊机弥补了交流弧焊机电弧稳定性较差的缺点，且焊机结构较简单、制造方便、空载损失小、噪声小，但价格比交流弧焊机高。图 2-2 所示是一种逆变直流焊机，其型号为 ZX7-400。型号中“Z”表示弧焊整流器，“X”表示下降外特性，“7”表示 IGBT 逆变式，“400”表示整流弧焊机的额定焊接电流为 400A。

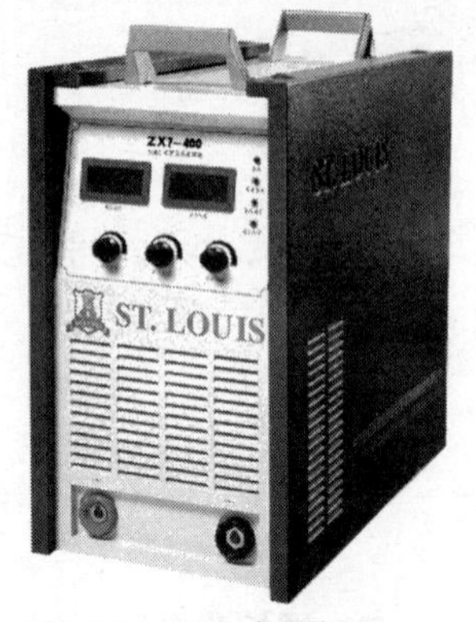

图 2-2 逆变直流焊机

直流弧焊机输出端有正极、负极，有两种不同的接线法：将焊件接到直流弧焊机的正极，焊条接负极，这种接法称为正接；反之，将焊件接到负极，焊条接正极，称为反接。用直流弧焊机焊接厚板时，一般采用正接，以获得较大的熔深；焊接薄板时，为了防止焊穿缺陷，常采用反接。在使用碱性焊条时，均应采用直流反接，以保证电弧燃烧稳定。

焊机工作的环境温度≤40℃，相对湿度≤85%。焊机应在通风、干燥、远离粉尘的地方运行；露天使用时应有防雨防晒措施，并应防止杂物落入焊机内部。

2）弧焊机的主要技术参数

弧焊机的主要技术参数标明在弧焊机的铭牌上，主要有初级电压、空载电压、工作电压、输入容量、电流调节范围和负载持续率等。

初级电压指接入的外电源电压。一般为单相 380V 或三相 380V。

空载电压指弧焊机在没有负载时(即未焊接时)的输出端电压。一般交流弧焊机的空载电压为 60～80V，直流弧焊机的空载电压为 50～90V。

工作电压指弧焊机在焊接时焊把的输出端电压，也就是电弧两端的电压(称为电弧电压)。一般弧焊机的工作电压为 20～40V。

电流调节范围指弧焊机在正常工作时可提供的焊接电流范围。

负载率指规定工作周期内采用焊机额定电流时，焊机有焊接电流的时间所占的平均百分率。国家标准规定焊条电弧焊电源的工作周期为 5 分钟，额定的负载持续率一般为 60％。

(2) 焊钳

焊钳是用以夹持焊条进行焊接的工具。主要作用是使焊工能夹住和控制焊条，同时也起着从焊接电缆向焊条传导焊接电流的作用。焊钳应具有良好的导电性、不易发热、重量轻、夹持焊条牢固及装换焊条方便等特性。焊钳的构造如图 2-3 所示，主要是由上下钳口、弯臂、弹簧、直柄、胶木手柄及固定销等组成。

(3) 接地夹钳

接地夹钳是将焊接导线或接地电缆接到工件上的一种器具。接地夹钳必须能形成牢固的连接，又能快速且容易地夹到工件上。对于低负载率来说，弹簧夹钳比较合适。使用大电流时，需要螺纹夹钳，以使夹钳不过热并形成良好的连接。

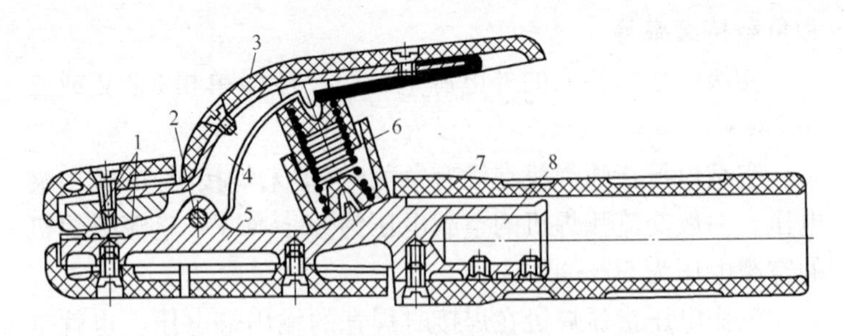

图 2-3 焊钳

1—钳口；2—固定销；3—弯臂罩壳；4—弯臂；5—直柄；
6—弹簧；7—胶木手柄；8—焊接电缆固定处

(4) 焊接电缆

利用焊接电缆将焊钳和接地夹钳接到电源上。焊接电缆是焊接回路的一部分，除要求应具有足够的导电截面以免过热而引起导线绝缘破坏外，还必须耐磨和耐擦伤，应柔软易弯曲，具有最大的挠度，以便焊工容易操作，减轻劳动强度。焊接电缆应采用多股细铜线电缆，一般可选用电焊机用 YHH 型橡套电缆或 YHHR 型橡套电缆。焊接电缆的截面积可根据焊机额定焊接电流进行选择，焊接电缆截面与电流、电缆长度的关系见表 2-1。

焊接电缆截面与电流、电缆长度的关系　　　表 2-1

额定电流 (A)	电缆长度(m)						
	20	30	40	50	60	70	80
	电缆截面积(mm^2)						
100	25	25	25	25	25	25	25
150	35	35	35	35	50	50	60
200	35	35	35	50	60	70	70
300	35	50	60	60	70	70	70
400	35	50	60	70	85	85	85
500	50	60	70	85	95	95	95

(5) 面罩及护目玻璃

面罩及护目玻璃是为防止焊接时的飞溅物、强烈弧光及其他辐射对焊工面部及颈部灼伤的一种遮蔽工具，有手持式和头盔式两种。护目玻璃安装在面罩正面，用来减弱弧光强度，吸收电弧发射的红外线、紫外线和大多数可见光线。焊接时，焊工通过护目玻璃观察熔池情况，正确掌握和控制焊接过程，避免眼睛受弧光灼伤。

护目玻璃有各种色泽，目前以墨绿色的为多，为改善防护效果，受光面可以镀铬。护目玻璃的颜色有深浅之分，应根据焊接电流大小、焊工年龄和视力情况来确定，护目玻璃色号、规格选用见表 2-2。护目玻璃外侧应加一块同尺寸的一般玻璃，以防止金属飞溅的污染。

焊工护目玻璃镜片选用表 **表 2-2**

护目玻璃色号	颜色深浅	适用焊接电流(A)	尺寸(mm)
7～8	较　浅	≤100	2×50×107
9～10	中　等	100～350	2×50×107
11～12	较　深	≥350	2×50×107

(6) 其他工具

电焊工常用的辅助工具还有焊条保温筒、防护服、皮革手套、工作帽、脚盖、绝缘鞋、平光眼镜、角向磨光机、钢丝刷、清渣锤、扁铲和锉刀。

2. 焊接工艺

(1) 引弧

引弧是指使焊条和焊件之间产生稳定的电弧。引弧时，首先将焊条末端与焊件表面接触形成短路，然后迅速将焊条向上提起 2～4mm 的距离，电弧即可引燃。引弧方法有敲击法和摩擦法两种，如图 2-4 所示。

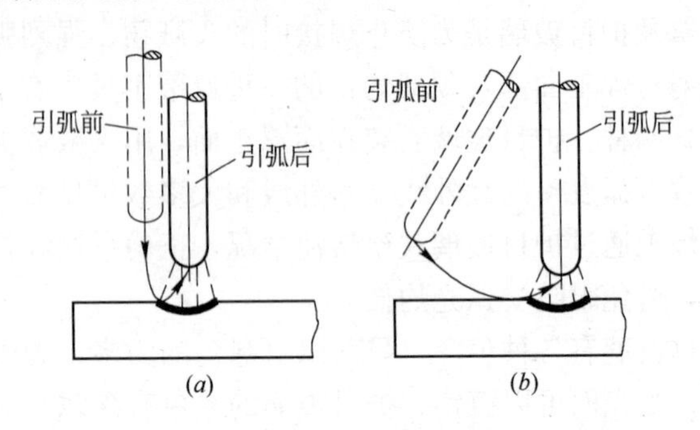

图 2-4　引弧方法图

(a)敲击法；(b)摩擦法

敲击法引弧时，将焊条末端对准待焊接处，轻轻敲击后将焊条提起，引燃电弧，使弧长为 0.5～1 倍的焊条直径，然后开始正常焊接。敲击法主要用于薄板的定位焊接、不锈钢板、铸铁和狭小工作表面的焊接。适用于全位置焊接。

摩擦法引弧时，焊条末端应对准待焊处，然后用手腕扭转，使焊条在焊件上轻微滑动，滑动长度一般在 20～25mm，当电弧引燃后的瞬间，使弧长为 0.5～1 倍的焊条直径，并迅速将焊条移至待焊部位，稍作横向摆动。摩擦法不适合在狭小的工作面上引弧，主要用于碳钢焊接、厚板焊接、多层焊接的引弧。

在引弧处，由于工件温度较低，焊条药皮还没有充分发挥作用，会使引弧点处焊缝较高，熔深较小，易产生气孔，所以宜在焊缝起始点后面 10mm 处引弧。引燃电弧后拉长电弧，并迅速将电弧移至焊缝起点进行预热，预热后将电弧压短进行正常焊接，酸性焊条的弧长等于焊条直径，碱性焊条的弧长应为焊条直径的一半左右。采用摩擦法引弧，即使在引弧处产生气孔，也能在电弧的第二次经过时，将金属重新熔化，消除气孔，且不会留下引弧伤痕。

（2）运条

为获得良好的焊缝成形，焊条需要不断地移动。焊条的移动称为运条。运条是电焊工操作必须掌握的。

运条由三个基本动作合成，分别是焊条的送进运动、焊条的横向摆动和焊条沿焊缝移动。见图 2-5。

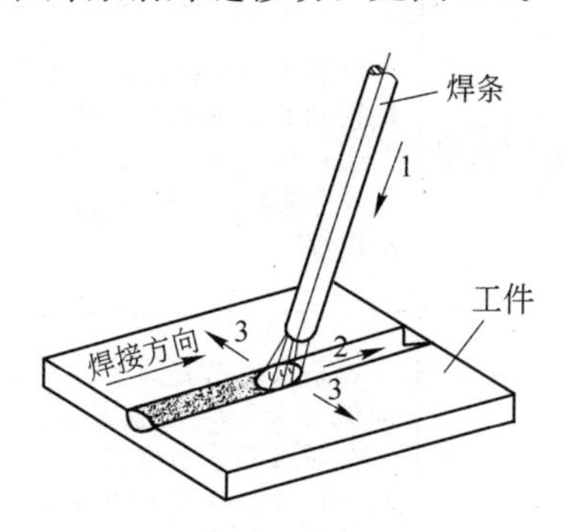

图 2-5　运条基本动作

1—焊条的送进运动；2—焊条沿焊缝移动；3—焊条的横向摆动

焊条的送进运动主要是用来维持所要求的电弧长度。由于电弧的热量熔化了焊条端部，电弧会逐渐变长，有息弧的倾向。要保持电弧继续燃烧，必须将焊条向熔池送进，直至整根焊条焊完为止。为保证一定的电弧长度，焊条的送进速度与焊条的熔化速度应相等，否则会引起电弧长度的变化，影响焊缝的熔宽和熔深。

焊条的摆动和沿焊缝移动这两个动作是紧密相连的，而且变化较多、较难掌握。摆动和移动的复合运动会影响焊缝的高度、宽度、熔透度和外观。焊条电弧焊常见的运条手法见表 2-3。不同长度焊缝焊接方法见表 2-4。

焊条电弧焊常见的运条手法　　　　表 2-3

运条手法	示意图	特　点	适用范围
直线形		焊条不做横向摆动，沿焊接方向直线移动，熔深较大，且焊缝宽度较窄，在正常焊接速度下，焊波饱满平整	适用于板厚 3～5mm 的不开坡口的对接平焊、多层焊的打底焊及多层焊道
锯齿形		焊条末端作锯齿形连续摆动并向前移动，在两边稍停片刻，以防产生咬边缺陷。操作容易，应用较广	适用于中厚板的平焊、立焊、仰焊的对接接头和立焊的角接接头
月牙形		焊条末端沿着焊接方向做月牙形左右摆动，并在两边的适当位置作片刻停留，使焊缝边缘有足够的熔深，防止产生咬边缺陷，此方法使焊缝的宽度和余高增大。具有金属熔化良好，保温时间长，熔池内气体和熔渣容易排除的优点	适用于仰焊、立焊、平焊，及对焊缝的饱满度要求较高的地方
圆　形	正圆圈形运条法	焊条末端作连续圆圈运动，并不断前进，能使熔化的金属有足够高的温度，利于气体排出，防止产生气孔	焊接较厚工件的平焊缝
	斜圆圈形运条法	能防止金属液体下淌，有助于焊缝成形	T形接头的平角横焊缝和对接接头的横焊缝

各种长度焊缝的焊接方法　　　表 2-4

焊接方法	示意图	特点和适用范围
直通焊接法		焊接由焊缝起点开始，到终点结束，焊接方向不变。 适用于短焊缝的焊接
对称焊接法	5/3/1/2/4/6	以焊缝中点为起点，交替向两端进行直通焊，以减少焊接变形。 适用于中等长度的焊缝
分段退焊法	总的焊接方向 4 3 2 1	第一段焊缝的起焊处要低点，下一段焊缝收弧时形成平滑接头。预留距离宜为一根焊条的焊缝长度，以节约焊条。 适用于中等长度的焊缝
分中逐步退焊法	4 3 2 1 1′ 2′ 3′ 4′	从焊缝中点向两端逐步退焊。可由 2 名焊工同时操作。 适用于长焊缝的焊接
跳焊法	1 5 2 6 3 7 4 8	朝一个方向进行间断焊接，每段焊接长度宜为 200～250mm。 适用于长焊缝的焊接
交替焊法	2 5 7 3 6 8 4 1	选择焊件温度最低的位置进行焊接，使焊件温度分布均匀，有利于减少焊接变形。 适用于长焊缝的焊接

(3) 平焊对接

平焊对接在实际生产中最常见。厚度 4～6mm 低碳钢板的平焊对接操作过程简介如下：

坡口准备。采用I形坡口双面焊，调整工件，保证接口处平整。清除工件的坡口表面和坡口两侧各20mm范围内的铁锈、油污和水分等。

工件组合。将两块工件水平放置并对齐，如图2-6所示。两块钢板间预留1～2mm间隙。

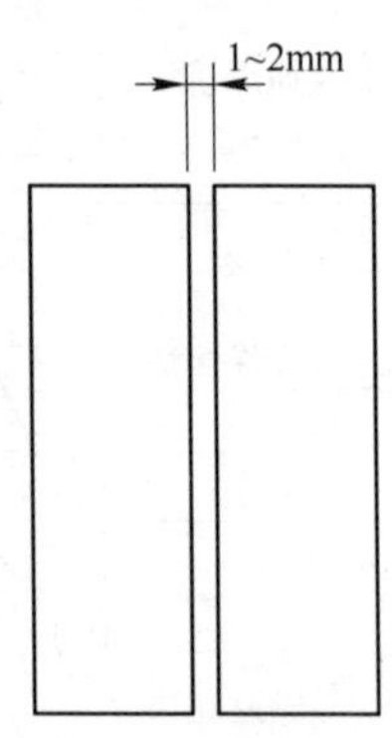

图2-6 工件组合

定位焊接。定位焊是保证结构拼装位置的焊接。定位焊时电流要提高10%～15%，要求预热的构件，也用正式焊缝同样的预热温度进行预热，交叉焊缝应离开50mm左右进行定位焊，应尽量避免在低温下进行定位焊，起点和终点要平缓。定位焊的要求见表2-5。

定位焊的尺寸要求 **表2-5**

工件尺寸(mm)	定位焊高度(mm)	长度(mm)	间距(mm)
≤4	≤4	5～10	50～100
4～12	3～6	10～20	100～200
>12	6	15～20	200～300

在钢板两端每端先焊上一小段长10～15mm的焊缝，以固定两工件的相对位置，焊后清渣干净。若焊件较长，则每隔100～200mm进行一次定位焊，如图2-7所示。

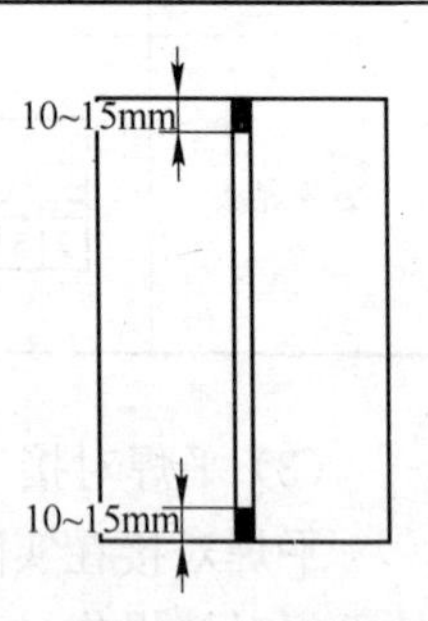

图2-7 定位焊

正式焊接。选择合适的工艺参数进行焊接。先焊定位焊缝的反面，焊后除渣和飞溅；再翻转焊件，焊另一面，焊后除渣和飞溅。

（4）收弧与临时停弧

焊接结束时，中断电弧的方法称为收弧。如果焊缝收尾时立即拉断电弧，则会形成低于焊件表面的弧坑，容易产生应力集中和减弱接头强度，导致产生弧坑裂纹、疏松、气孔、夹渣等焊接缺陷。因此，收弧操作正确，对于焊接质量非常重要。

收弧方法有画圈收弧法、反复断弧收弧法、回焊收弧法等三种：

1）画圈收弧法。当焊条移至焊接终点时，作画圈运动，直到填满弧坑再拉断电弧。此方法适用于厚板焊件。见图2-8(*a*)。

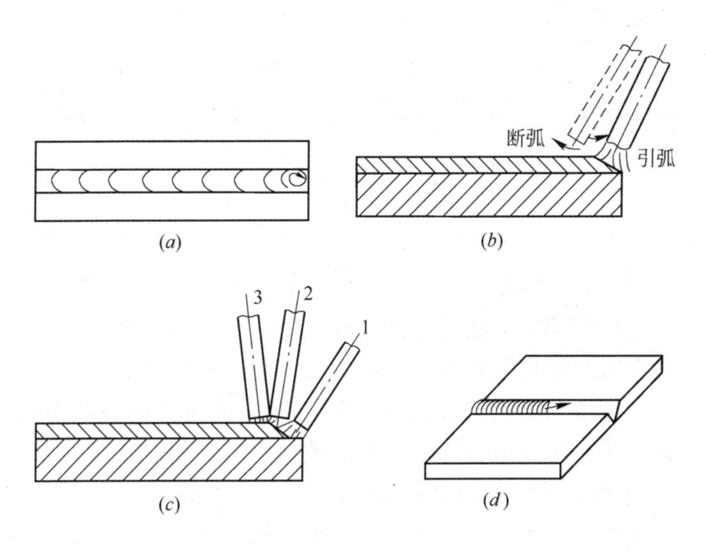

图 2-8　收弧方法

(*a*)画圈收弧法；(*b*)反复断弧收弧法；(*c*)回焊收弧法；(*d*)临时停弧

2）反复断弧收弧法。收弧时，焊条在弧坑处反复息弧、引弧数次，直到填满弧坑为止。适用酸性焊条的薄板和大电流焊接。见图 2-8(*b*)。

3）回焊收弧法。当焊条移至焊缝收尾处立即停止，并改变焊条角度回焊一小段。适用于碱性焊条。见图 2-8(*c*)。

当换焊条或其他原因需要临时停止电弧焊时，称为临时停弧。这时应将电弧逐渐引向剖口的斜前方，同时慢慢抬高焊条，使熔池逐渐缩小，直到电弧熄灭，如图 2-8(*d*)所示。这样当液体金属凝固后，一般不会出现缺陷。

3. 焊接接头的组织与性能

(1) 焊接接头形式

常用的焊接接头形式有对接接头、搭接接头、角接接头和 T 形接头等，如图 2-9 所示。

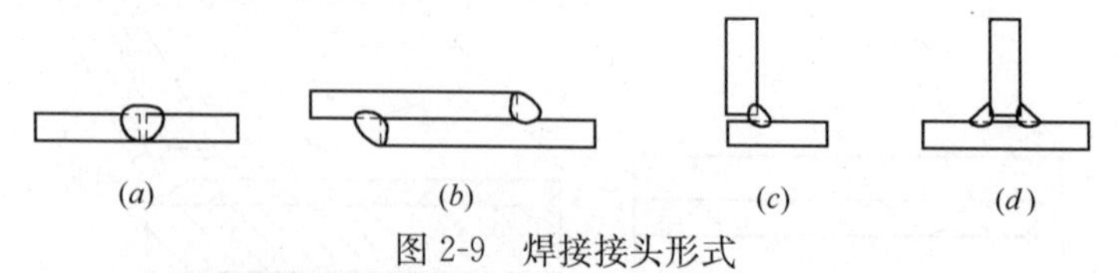

图 2-9　焊接接头形式

(*a*)对接接头；(*b*)搭接接头；(*c*)角接接头；(*d*)T 形接头

(2) 坡口形式

焊件较薄时，在焊件接头处只要留出一定的间隙，采用单面焊或双面焊，就可以保证焊透。焊件较厚时，为了保证焊透，焊接前要把焊件的待焊部位加工成所需的坡口形状。对接接头常见的坡口形式有 I 形坡口、V 形坡口、X 形坡口和 U 形坡口等，如图 2-10 所示。

施焊时，对 I 形坡口、X 形坡口和 U 形坡口，可以根据实际情况，采用单面焊或双面焊完成(图 2-11)。因双面焊容易保证焊透，一般情况下，应尽量采用双面焊。

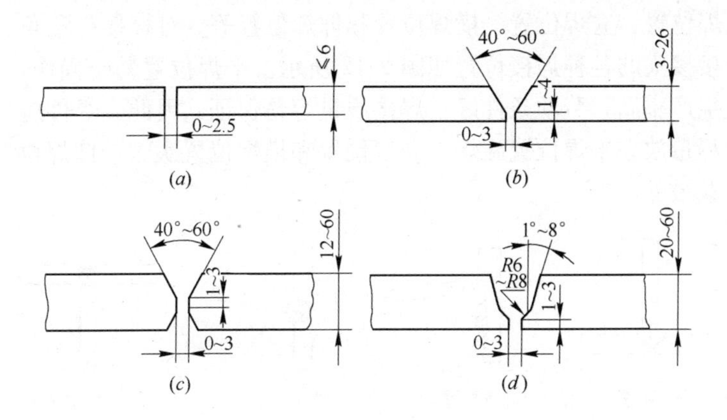

图 2-10　坡口形式

(a)I 形坡口；(b)V 形坡口；(c)X 形坡口；(d)U 形坡口

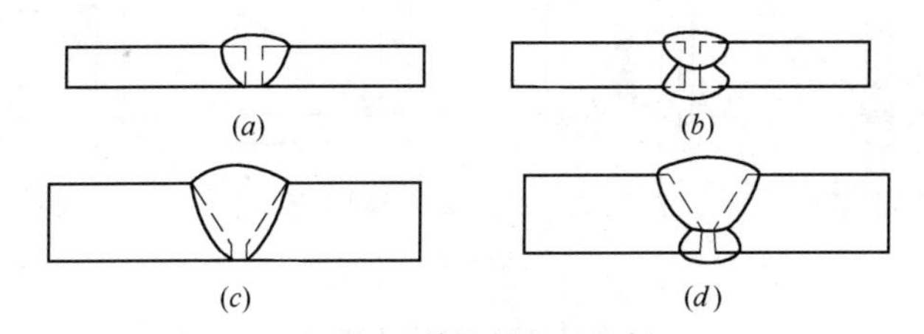

图 2-11　单面焊和双面焊

(a)I 形坡口单面焊；(b)I 形坡口双面焊；

(c)V 形坡口单面焊；(d)V 形坡口双面焊

加工坡口时，通常在焊件厚度方向留有直边，称为钝边，见图 2-11。其作用是为了防止焊穿。焊接接头组装时，往往留有间隙，这是为了保证焊透。

焊件较厚时，为了焊满坡口，要采用多层焊或多层多道焊。

(3) 焊接位置

熔焊时，焊件接缝所处的空间位置称为焊接位置，有平焊位置、立焊位置、横焊位置和仰焊位置等。对接接头和角接接头的各种焊接位置如图 2-12 所示。平焊位置易于操作，生产率高，劳动条件好，焊接质量容易保证。因此，焊件应尽量放在平焊位置施焊，立焊位置和横焊位置次之，仰焊位置最差。

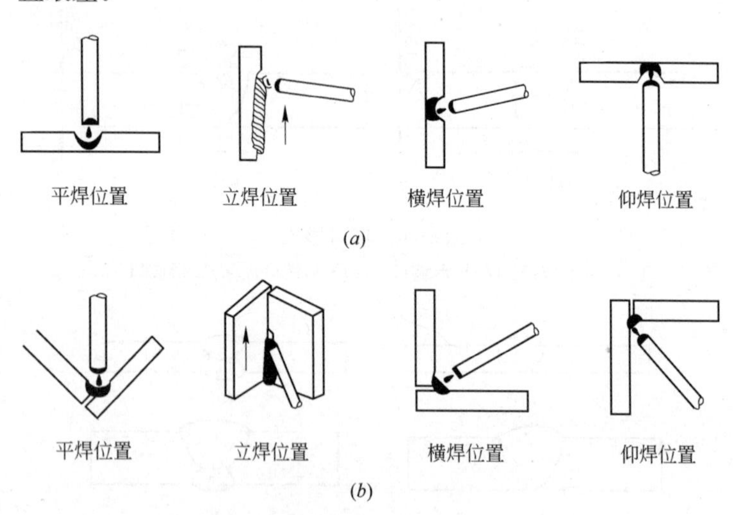

图 2-12 焊接位置

(a)对接接头；(b)角接接头

（4）焊接工艺参数

焊条电弧焊的工艺参数包括焊条直径、焊接电流、电弧电压、焊接速度和焊接层次等。焊接工艺参数选择是否正确，直接影响焊接质量和生产率。

选择焊条直径，主要依据焊件厚度，同时考虑接头形式、焊接位置、焊接层数等因素。厚焊件可选用大直径焊条，薄焊件应选用小直径焊条。一般情况下，可参考表 2-6 选择焊条直径。

焊件厚度与焊条直径的关系　　表 2-6

焊件厚度(mm)	<4	4～12	>12
焊条直径(mm)	不超过焊件厚度	3.2～4.0	4.0～5.0

在立焊位置、横焊位置和仰焊位置焊接时，熔化金属容易从接头中流出，应选用较小直径焊条。多层焊时，第一层焊缝应选用较小直径焊条，以便于操作和控制熔透；以后各层可选用较大直径焊条，以加大熔深和提高生产率。

选择焊接电流主要根据焊条直径。对一般钢焊件，可以根据下面的经验公式来确定：

$$I=Kd$$

式中　I——焊接电流，A；

d——焊条直径，mm；

K——经验系数，可按表 2-7 确定。

根据焊条直径选择焊接电流的经验系数　　表 2-7

焊条直径(mm)	1.6	2.0～2.5	3.2	4.0～5.8
K	20～25	25～30	30～40	40～50

根据以上经验公式计算出的焊接电流，只是一个大概的参考数值，在实际生产中还应考虑焊件厚度、接头形式、焊接位置、焊条种类，通过焊接工艺评定来确定。

电弧电压由电弧长度决定。电弧长则电弧电压高，反之则低。若电弧过长，电弧飘摆，燃烧不稳定，熔深减小、熔宽加大，并且容易产生焊接缺陷。若电弧太短，熔滴过渡时可能经常发生短路，使操作困难。

焊接速度是指单位时间内焊接电弧沿焊件接缝移动的距离。

焊接工艺参数是否合适，直接影响焊缝成形。图 2-13 表示焊接电流和焊接速度对焊缝形状的影响。

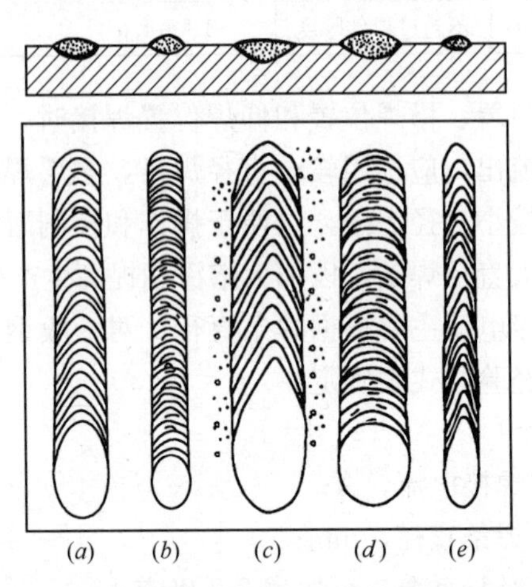

图 2-13 焊接电流和焊接速度对焊缝形状的影响

焊接电流和焊接速度合适时，焊缝形状规则，焊波均匀并呈椭圆形，焊缝到母材过渡平滑，焊缝外形尺寸符合要求，如图 2-13(*a*)所示。

焊接电流太小时，电弧吹力小，熔池金属不易流开，焊波变圆，焊缝到母材过渡突然，余高增大，熔宽和熔深均减小，如图 2-13(*b*)所示。

焊接电流太大时，焊条熔化过快，尾部发红，飞溅增多，焊波变尖，熔宽和熔深都增加，焊缝出现下塌，严重时可能产生烧穿，如图 2-13(*c*)所示。

焊接速度太慢时，焊波变圆，熔宽、熔深和余高均增加，如图 2-13(*d*)所示。焊接薄焊件时，可能产生烧穿缺陷。

焊接速度太快时，焊波变尖，熔宽、熔深和余高都减小，如图 2-13(*e*)所示。

厚板焊接时，要采用多层焊或多层多道焊。

4. 常见低碳钢的焊接

低碳钢的可焊性良好，一般只要正确选择焊条和焊接工艺，就能焊出高质量的接头。低碳钢的焊接应注意下列问题。

（1）预热

低碳钢一般不需预热，只有在厚壁、刚度过大、焊接环境温度过低时，才需要预热。

当施工现场温度低于0℃、母材含碳量较高及壁较厚时，应考虑预热。预热温度控制在100～150℃左右。在低温焊接时，要加大焊接电流、降低焊接速度、连续施焊。

（2）层间温度及焊后热处理

低碳钢焊件一般不进行焊后热处理。当焊接刚度较大、壁较厚及焊缝很长时，为防止焊接裂纹，应采取控制层间温度和焊后热处理等措施。如低碳钢管在壁厚大于36mm时，焊后进行回火处理，回火温度一般为600～650℃。焊接低碳钢时的层间温度及焊后回火处理温度见表2-8。

焊接低碳钢时的层间温度及焊后回火处理温度　　表2-8

牌　　号	材料厚度(mm)	层间温度(℃)	回火温度(℃)
Q235、08、10、15、20	50左右	＜350	600～650
	＞50～100	＞100	
25g、20g、22g	25左右	＞50	600～650
	＞50	＞100	600～650

（3）焊条的选择

低碳钢焊接材料(焊条)的选用原则是保证焊接接头与母材强度相等。低碳钢通常使用Q235钢材，E43××系列焊条正好与之匹配。这一系列焊条有多种牌号，可根据具体母材和受载情况等，参照表 2-9 加以选用。

低碳钢焊接焊条的选用　　表 2-9

钢号	焊条选用		施焊条件
	一般结构(包括壁厚不大的中、低压容器)	焊接动载荷、复杂和厚板结构、重要受压容器及低温焊接	
Q235 Q255	E4321、E4313、E4303、E4301、E4320、E4322、E4310、E4311	E4303、E4301、E4320、E4322、E4310、E4311、E4316、E4315	一般不预热
Q275	E4316、E4315	E5016、E5015	厚板结构预热 150℃以上
08、10、15、20	E4303、E4301、E4320、E4322	E4316、E4315	一般不预热
25、30	E4316、E4315	E5016、E5015	厚板结构预热 150℃以上

(4) 工艺要点和焊接规范

在焊前对焊条按规定进行烘干，要清除待焊处的油、污、垢、锈，以防止产生裂纹和气孔等缺陷；避免采用深而窄的坡口形式，避免出现夹渣、未焊透等缺陷；在施焊时要控制热影响区的温度，不能过高，并在高温停留的时间不能太长，以防止晶粒粗大；尽量采用短弧焊、多层焊，每层焊缝金属厚度不应大于 4mm，最后一层盖面焊缝要连续焊完。低碳钢、低合金钢焊条电弧焊的焊接参数见表2-10。

低碳钢、低合金钢焊条电弧焊的焊接参数　　表 2-10

<table>
<tr><th rowspan="2">焊缝空间位置</th><th rowspan="2">焊件厚度或焊脚尺寸（mm）</th><th colspan="2">第一层焊缝</th><th colspan="2">以后各层焊缝</th><th colspan="2">打底焊缝</th></tr>
<tr><th>焊条直径（mm）</th><th>焊接电流（A）</th><th>焊条直径（mm）</th><th>焊接电流（A）</th><th>焊条直径（mm）</th><th>焊接电流（A）</th></tr>
<tr><td rowspan="11">平对接焊缝</td><td>2</td><td>2</td><td>55～60</td><td rowspan="7">—</td><td rowspan="7">—</td><td>2</td><td>55～60</td></tr>
<tr><td>2.5～3.5</td><td>3.2</td><td>90～120</td><td>3.2</td><td>90～120</td></tr>
<tr><td rowspan="3">4～5</td><td>3.2</td><td>100～130</td><td>3.2</td><td>100～130</td></tr>
<tr><td>4</td><td>160～200</td><td>4</td><td>160～210</td></tr>
<tr><td>5</td><td>200～260</td><td>5</td><td>220～250</td></tr>
<tr><td rowspan="2">5～6</td><td rowspan="6">4</td><td rowspan="2">160～210</td><td>3.2</td><td>100～130</td></tr>
<tr><td>4</td><td>180～210</td></tr>
<tr><td rowspan="2">＞6</td><td rowspan="4">160～210</td><td>4</td><td>160～210</td><td>4</td><td>180～210</td></tr>
<tr><td>5</td><td>220～280</td><td>5</td><td>220～280</td></tr>
<tr><td rowspan="2">≥12</td><td>4</td><td>160～210</td><td rowspan="2">—</td><td rowspan="2">—</td></tr>
<tr><td>5</td><td>220～280</td></tr>
<tr><td rowspan="11">立对接焊缝</td><td>2</td><td>2</td><td>50～55</td><td rowspan="3">—</td><td rowspan="3">—</td><td>2</td><td>50～55</td></tr>
<tr><td>2.5～4</td><td rowspan="2">3.2</td><td>80～110</td><td rowspan="2">3.2</td><td>80～110</td></tr>
<tr><td>5～6</td><td>90～120</td><td>90～120</td></tr>
<tr><td rowspan="2">7～10</td><td>3.2</td><td>90～120</td><td rowspan="3">4</td><td rowspan="3">120～160</td><td rowspan="4">3.2</td><td rowspan="4">90～120</td></tr>
<tr><td>4</td><td>120～160</td></tr>
<tr><td rowspan="2">≥11</td><td>3.2</td><td>90～120</td></tr>
<tr><td>4</td><td>120～160</td><td>5</td><td>160～200</td></tr>
<tr><td rowspan="2">12～18</td><td>3.2</td><td>90～120</td><td rowspan="3">4</td><td rowspan="3">120～160</td><td rowspan="4">—</td><td rowspan="4">—</td></tr>
<tr><td>4</td><td>120～160</td></tr>
<tr><td rowspan="2">≥19</td><td>3.2</td><td>90～120</td></tr>
<tr><td>4</td><td>120～160</td><td>5</td><td>160～200</td></tr>
</table>

续表

焊缝空间位置	焊件厚度或焊脚尺寸(mm)	第一层焊缝		以后各层焊缝		打底焊缝	
		焊条直径(mm)	焊接电流(A)	焊条直径(mm)	焊接电流(A)	焊条直径(mm)	焊接电流(A)
横对接焊缝	2	2	50～55	—	—	2	50～55
	2.5	3.2	80～10			3.2	80～110
	3～4		90～120				90～120
		4	120～160			4	120～160
	5～8	3.2	90～120	3.2	90～120	3.2	90～120
				4	140～160	4	120～160
	≥9					3.2	90～120
		4	140～160			4	120～160
	14～18	3.2	90～120			—	—
		4	140～160				
	≥19	4	140～160				
仰对接焊缝	2	—	—	—	—	2	50～55
	3～5					3.2	90～110
						4	120～160
	5～8	3.2	90～120	3.2	90～120	—	—
				4	140～160		
	≥9						
		4	140～160				
	12～18	3.2	90～120				
		4	140～160				
	≥19						

续表

<table>
<tr><th rowspan="2">焊缝空间位置</th><th rowspan="2">焊件厚度或焊脚尺寸（mm）</th><th colspan="2">第一层焊缝</th><th colspan="2">以后各层焊缝</th><th colspan="2">打底焊缝</th></tr>
<tr><th>焊条直径（mm）</th><th>焊接电流（A）</th><th>焊条直径（mm）</th><th>焊接电流（A）</th><th>焊条直径（mm）</th><th>焊接电流（A）</th></tr>
<tr><td rowspan="8">平角焊缝</td><td>2</td><td>2</td><td>55～65</td><td rowspan="4">—</td><td rowspan="4">—</td><td rowspan="8"></td><td rowspan="8"></td></tr>
<tr><td>3</td><td rowspan="2">3.2</td><td rowspan="2">100～120</td></tr>
<tr><td rowspan="2">4</td></tr>
<tr><td>4</td><td>160～200</td></tr>
<tr><td rowspan="2">5～6</td><td>4</td><td>160～200</td><td rowspan="2">—</td><td rowspan="2">—</td></tr>
<tr><td>5</td><td>220～280</td></tr>
<tr><td rowspan="2">≥7</td><td>4</td><td>160～200</td><td rowspan="2">5</td><td rowspan="2">220～280</td></tr>
<tr><td>5</td><td>220～280</td></tr>
<tr><td rowspan="8">立角焊缝</td><td>2</td><td>2</td><td>50～60</td><td rowspan="4">—</td><td rowspan="4">—</td><td rowspan="6">—</td><td rowspan="6">—</td></tr>
<tr><td>3～4</td><td>3.2</td><td>90～120</td></tr>
<tr><td rowspan="2">5～8</td><td>3.2</td><td>90～120</td></tr>
<tr><td>4</td><td>120～160</td></tr>
<tr><td rowspan="2">9～12</td><td>3.2</td><td>90～120</td><td rowspan="2">4</td><td rowspan="2">120～160</td></tr>
<tr><td>4</td><td>120～160</td></tr>
<tr><td rowspan="2">I形坡口</td><td>3.2</td><td>90～120</td><td rowspan="2">4</td><td rowspan="2">120～160</td><td rowspan="2">3.2</td><td rowspan="2">90～120</td></tr>
<tr><td>4</td><td>120～160</td></tr>
<tr><td rowspan="6">仰角焊缝</td><td>2</td><td>2</td><td>50～60</td><td rowspan="3">—</td><td rowspan="3">—</td><td rowspan="4">—</td><td rowspan="4">—</td></tr>
<tr><td>3～4</td><td>3.2</td><td>90～120</td></tr>
<tr><td>5～6</td><td rowspan="2">4</td><td rowspan="2">120～160</td></tr>
<tr><td>≥7</td><td>4</td><td>140～160</td></tr>
<tr><td rowspan="2">I形坡口</td><td>3.2</td><td>90～120</td><td rowspan="2">4</td><td rowspan="2">140～160</td><td>3.2</td><td>90～120</td></tr>
<tr><td>4</td><td>140～160</td><td>4</td><td>140～160</td></tr>
</table>

5. 常见低合金钢的焊接

(1) 低合金钢的可焊性

焊接中常用的低合金钢一般可分为高强钢、低温用钢、耐蚀钢及珠光体耐热钢。低合金钢中的合金元素影响钢材的可焊性。工作环境温度、工件的承载情况和工作环境中的腐蚀性介质等外界条件对钢的可焊性也有较明显的影响。

低合金钢具有一定的淬硬倾向，这种倾向随碳当量 C_{eq} 值的提高而增加。碳当量就是把钢材中合金元素(包括碳)，按其作用折算成碳的相当含量(以碳的作用系数为 1)，作为评定钢材可焊性的一种参考指标。

碳当量 C_{eq} 值越大，钢材淬硬倾向越大，冷裂敏感性也越大。当 $C_{eq}<0.4\%$ 时，钢材可焊性优良，淬硬倾向不明显，焊接时不必预热；当 $C_{eq}=0.4\%\sim0.6\%$ 时，钢材的淬硬倾向逐步明显，需要采取适当的预热和控制线能量等措施；当 $C_{eq}>0.6\%$ 时，淬硬强，属于较难焊接的钢材，需要采取较高的预热温度和严格的工艺措施。

低合金钢由于含有一定的合金元素，容易淬火。在焊接电弧的作用下，过热区被加热到很高的温度，随后迅速冷却，在过热区形成粗大的淬硬组织。在整个焊接接头中，过热区硬度最高、塑性最低，虽然该区很窄，但却是焊接接头的薄弱环节。因此，冷却速度也是热影响区淬硬倾向的重要影响因素。

在低合金钢结构产品的焊接过程中，容易在过热区产生裂纹，如果不做改善性能的焊后热处理，就会影响产品的使用性能和安全性。

低合金钢的焊接裂纹分为热裂纹、冷裂纹、再热裂纹和热影响区的层状撕裂。低合金钢焊接事故中，热裂纹仅占

10%，90%的裂纹属冷裂纹。产生热裂纹的原因有：采用含硫量较高的焊接材料焊接低合金钢，焊接接头的刚度和焊接熔池的形状和尺寸。产生冷裂纹的原因有：焊缝及热影响区的含氢量，热影响区和焊缝金属的淬硬程度，因接头的刚性所决定的焊接残余应力。

再热裂纹是焊后热处理过程中出现的裂纹，裂纹产生的原因是在加热消除热应力的过程中，所发生的变形超出了热影响区金属在该温度下的塑性变形能力。

层状撕裂是大厚度轧制钢板焊接时，在热影响区产生的与板面平行的裂纹。多产生在三通管接头和T形接头的角焊缝处。

由于低氢碱性焊条抗气孔性能较差，要求焊条在使用前彻底烘干，尽量减少焊接接头的含氢量，避免形成氢气孔。此外，焊条和待焊处的油污、锈垢，焊条直径过大，大电流连续施焊，焊前预热和焊后热处理温度选择不当，都是产生气孔的原因。

(2) 低合金钢的焊条、焊接工艺

低合金钢焊条选择要依据母材的力学性能、化学成分、接头刚性、坡口形式和使用要求等综合考虑。一般而言焊条选用的原则主要是等强度原则。要求焊缝的强度等于或略高于母材金属的强度，但不要超过母材的强度太高；在特殊情况下，也有要求焊缝的强度略低于母材金属强度的。此外，还要根据焊接结构的重要程度选用酸、碱性焊条。对于重要的焊接结构，要求塑性好、冲击韧性高、抗裂性好、低温性能好的焊接结构应采用低氢碱性焊条。对于非重要的焊接结构，或坡口表面的油、污、锈、垢和氧化皮等脏物难以清理干净时，在焊接结构的使用性能允许的前提下，也可考虑采用酸性焊条。低合金结构钢焊接选用的焊条见表2-11。

低合金结构钢焊接选用的焊条 **表 2-11**

钢材牌号		适用焊条型号	钢材牌号		适用焊条型号
GB/T 1591—1994	GB 1591—1988		GB/T 1591—1994	GB 1591—1988	
Q295	09MnV；09Mn2 09MnNb；12Mn	E4303(J422) E4301(J423) E4316(J426) E4315(J427) E5016(J506) E5015(J507)	Q345	18Nb；12MnV 14MnNb 16Mn；16MnRe	E5003(J502) E5001(J503) E5016(J506) E5015(J507) E5018(J506Fe) E5028 (J506Fe16)
Q390	15MnV；16MnNb；15MnTi	E5016(J506) E5015(J507) E5515-G (J557) E5516-G (J556) E5001(J503) E5003(J502) E5015-G (J507R) E5016-G (J506R)	Q420	15MnVNb；14MnVTiRe	E5516-G (J556RH) E5515-G (J557MoV) E6016-D1 (J606) E6015-D1 (J607)

低合金钢焊接工艺要点和焊接规范的确定。低合金结构钢焊接时，焊接规范的影响比焊接低碳钢时要大，直接影响到焊接接头的性能。焊接规范参数即电弧电压、焊接电流和焊接速度的选择，要考虑三者的综合作用，即考虑焊接线能量。所谓线能量，是指焊接电弧的移动热源给予单位长度焊缝的热量。

$$线能量=\eta IU/v \quad (J/mm)$$

式中 I——焊接电流(A)；

U——电弧电压(V)；

v——焊接速度(mm/s);

η——焊接中热量损失的系数,对焊条电弧焊 $\eta=0.66\sim0.85$。

当施焊条件相同时,电流大,即线能量大,冷却速度则小;反之,电流小,冷却速度则大。从减少过热区淬硬倾向来看,应选择较大的焊接参数。当碳当量 C_{eq} 值为 0.4%~0.6%,在焊接时对线能量要严格加以控制。线能量过低会在热影响区产生淬硬组织,易产生冷裂纹;线能量过高,热影响区晶粒会长大,对于过热倾向大的钢,其热影响区的冲击韧性就会降低。因此,对于过热敏感,且有一定淬硬性的钢材,焊接时应选用较小的焊接规范,以减少焊件高温停留的时间;同时采用预热,以减少过热区的淬硬倾向。

焊前预热、层间温度和焊后热处理。焊接低合金结构钢时,为了防止产生冷裂纹,除选用低氢碱性焊条外,还应根据母材确定预热温度。采用局部预热时,预热宽度不小于壁厚的 2~3 倍;定位焊应在预热后进行,焊接过程速度应低、焊接电流应大;焊接过程偶然中断时,工件应保持在预热温度以上待焊,或控制焊缝层间温度不得低于预热温度,并在焊后缓冷,及时做焊后热处理。

焊前预热温度与焊件材料和厚度有关。低合金结构钢碳当量 $C_{eq}>0.35\%$ 时,宜进行焊前预热,当碳当量 $C_{eq}>0.45\%$时,应进行焊前预热。

对于低合金钢的焊接,进行焊后热处理的目的是减少焊接热影响区淬硬倾向和焊接应力,防止产生冷裂纹,但同时应避免在焊后热处理过程中出现再热裂纹。若板较厚,焊至板厚的 1/2 时,应做中间消除应力热处理;焊后应及时进行回火处理。再者,要求抗应力腐蚀的容器或低温下使用的焊件，应尽可能进行焊后消除焊接应力的热处理。常用低合金结构钢焊接前预热温度、焊接过程中的层间温度和焊后热处理温度见表 2-12。

低合金结构钢焊前预热温度、焊接过程中的层间温度和焊后热处理温度　　表 2-12

钢材牌号		预热温度(℃)	层间温度(℃)	焊后热处理
GB/T 1591—1994	GB 1591—1988			
Q295	09MnV 09MnNb 09Mn2 12Mn	一般厚度不预热	不限	不处理
Q345	18Nb 12MnV 14MnNb 16Mn 16MnRe	δ≤40mm 不预热 δ>40mm 预热温度≥100	不限	600～650℃ 回火
Q390	15MnV 15MnTi 16MnNb	δ≤32mm 不预热 δ>32mm 预热温度≥100	不限	560～690℃或 630～650℃回火
Q420	14MnVTiRe 15MnVNb	δ>32mm 预热温度≥100	100～150	550～600℃ 回火

在表 2-12 中，Q345(16Mn)钢用量较大，应用最为广泛。Q345(16Mn)钢板一般以热轧供货，以改善塑性和低温冲击韧性，厚板做 900℃正火处理。Q345(16Mn)钢的碳当量 C_{eq}值接近于 0.4%，具有一定的淬硬倾向，并存在产生冷裂纹问题。Q345(16Mn)钢不预热焊接的最低温度见表 2-13。当起焊时的温度低于下表中的数值时，应预热到 100℃以上。

Q345(16Mn)钢不预热焊接的最低温度 **表 2-13**

Q345(16Mn)钢板厚(mm)	不预热焊接的最低温度(℃)	Q345(16Mn)钢板厚(mm)	不预热焊接的最低温度(℃)
<16	−10	25～40	0
16～24	−5	>40	要求预热及焊后热处理

厚钢板中含有的硫、磷等杂质，在轧制时形成了带状组织，受焊接应力作用而造成层状撕裂。为了防止层状撕裂，除了应选择层状偏析少的母材外，接头的坡口形式要设计得合理，尽量减少垂直于母材表面的拉力，或选择强度较低的焊条等方法。

（二）二氧化碳气体保护焊

1. 特点

二氧化碳气体保护焊是利用二氧化碳(CO_2)气体作为保护气体的气体保护焊，简称二氧化碳(CO_2)焊。它利用焊丝作电极并兼作填充金属。CO_2 气体的密度约为空气的 1.5 倍。在受热时 CO_2 气体急剧膨胀，体积增大，可有效地排除空气，避免空气中的氧气、氮气、氢气对焊缝金属的危害。

二氧化碳气体保护焊按所用的焊丝直径不同，可分为细丝二氧化碳气体保护焊(焊丝直径为 0.5～1.2mm)及粗丝二氧化碳气体保护焊(焊丝直径为 1.6～5mm)。按操作方式，又可分为二氧化碳半自动焊和二氧化碳自动焊。

二氧化碳(CO_2)焊的优点是生产成本低，生产率高，焊接薄板速度快，变形小，操作灵活，适宜于进行各种位置的焊接。主要缺点是飞溅大，焊缝成形较差，焊接设备复杂。

二氧化碳(CO_2)焊主要适用于低碳钢和低合金结构钢的焊接，不适用于焊接非铁合金和高合金钢。

2. 焊接设备

生产中应用较广泛的半自动二氧化碳(CO_2)焊，其焊接设备主要由焊接电源、焊枪、送丝系统、供气系统和控制系统等部分组成，如图 2-14 所示。

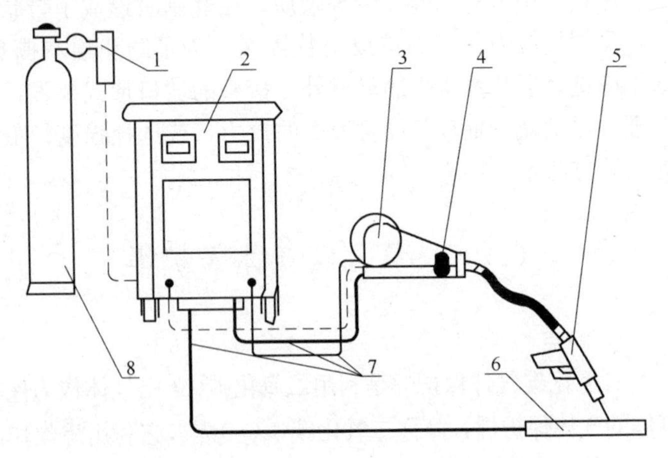

图 2-14　二氧化碳(CO_2)焊焊接设备

1—减压阀；2—焊机；3—焊丝盘；4—送丝机构；5—焊枪；6—工件；7—电缆；8—气瓶

二氧化碳(CO_2)焊一般采用直流电源，主要有硅整流电源、晶闸管整流电源、晶体管电源和逆变电源等。焊接电源采用直流反接。二氧化碳(CO_2)气体的纯度要求不低于 99.5%，否则会降低焊缝的机械性能和产生气孔。

常用的送丝方式有推丝式和拉丝式等。其中推丝式应用最广，适合于直径 1.0mm 以上的钢焊丝；拉丝式适合于直径 1.0mm 以下的钢焊丝。

二氧化碳(CO_2)气体保护焊焊枪的作用是导电、导气和导丝。按应用方式不同，焊枪可分为半自动焊枪和自动焊枪；按形状，焊枪可分为鹅颈式［如图 2-15(*a*)所示］和手枪式；按送丝方式，焊枪可分为推丝式和拉丝式［如图 2-15(*b*)所示］焊枪；按冷却方式焊枪可分为空气冷却焊枪和用内循环水冷却焊枪。当焊接电流小于 600A 时采用气冷，大于 600A 时采用水冷。

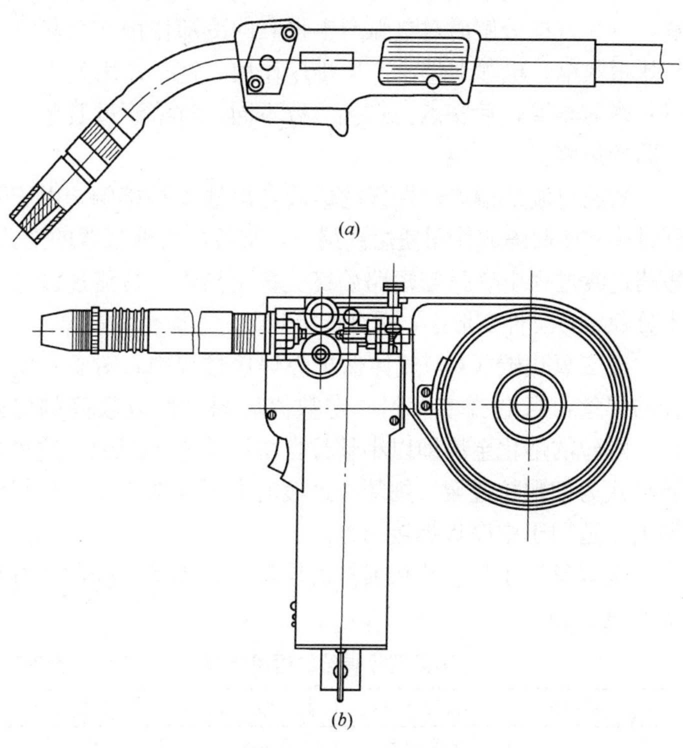

图 2-15　鹅颈式和拉丝式焊枪外形示意图

(*a*)鹅颈式焊枪；(*b*)拉丝式焊枪

3. 焊接工艺

(1) 工艺参数

二氧化碳(CO_2)气体保护焊的焊接工艺参数，主要包括焊丝直径、焊接电流、焊接速度、电弧电压、焊丝伸出长度、电源极性、回路电感等。

1) 焊丝直径

二氧化碳(CO_2)焊时，电弧是在 CO_2 气体保护下燃烧的，在电弧的高温作用下，CO_2 气体将吸收热量、发生分解，CO_2 气体分解时对电弧产生强烈的冷却作用，引起弧柱与弧根收缩，电弧对熔滴产生排斥作用。这一作用就决定了 CO_2 焊时熔滴过渡特点。焊接参数不同，对熔滴过渡也产生不同的影响。

短路过渡是指焊丝端部的熔滴与熔池短路接触，由于强烈过热和磁收缩的作用使熔滴爆断，直接向熔池过渡的形式。短路过渡过程中燃弧与短路始终交替更换着。短路过渡过程十分稳定，工件变形小，适合焊接薄板。适应全位置焊。

在二氧化碳(CO_2)气体保护焊焊接过程中，对于一定直径的焊丝，当电流增大到一定数值后同时配以较高的电弧压，焊丝的熔化金属即以小颗粒自由飞落进入熔池，这种过渡形式为细颗粒过渡。细颗粒过渡时电弧穿透力强，母材熔深大，适用于中厚板焊接结构。

细焊丝用于焊接薄板或打底层焊道。焊丝直径的选择可参考表 2-14。

不同直径焊丝的适用范围　　　表 2-14

焊丝直径(mm)	熔滴过渡形式	焊件厚度(mm)	焊缝位置
0.5～0.8	短路过渡	1.0～2.5	全位置
	颗粒过渡	2.5～4.0	水平位置

续表

焊丝直径(mm)	熔滴过渡形式	焊件厚度(mm)	焊缝位置
1.0～1.4	短路过渡	2.0～8.0	全位置
	颗粒过渡	2.0～12	水平位置
1.6	短路过渡	3.0～12	水平、立、横、仰
≥1.6	颗粒过渡	>6	水平

2）焊接电流

焊接电流根据焊丝直径大小与采用何种熔滴过渡形式来确定。可以参考表 2-15 确定。

不同直径焊丝焊接电流的选择范围　　表 2-15

焊丝直径(mm)	焊接电流(A)	
	颗粒过渡(30～45V)	短路过渡(16～22V)
0.8	150～250	60～160
1.2	200～300	100～175
1.6	350～500	100～180
2.4	500～750	150～200

3）焊丝伸出长度

焊丝伸出长度是指从导电嘴到焊丝端头的距离，以"L_{sn}"表示，可按下式选定：

$$L_{sn}=10d$$

式中　d——焊丝直径，mm。

如果焊接电流取上限数值，焊丝伸出长度也可适当增大些。

4）电弧电压

细丝焊接时，电弧电压为 16～24V；粗丝焊接时，电弧电压为 25～36V。采取短路过渡时，电弧电压与焊接电流最佳配合范围见表 2-16。

二氧化碳短路过渡时电弧电压与焊接电流关系　　表 2-16

焊接电流(A)	电弧电压(V)	
	平　焊	立焊和仰焊
75～120	18～21.5	18～19
130～170	19.5～23.0	18～21
180～10	20～4	18～22
220～260	21～25	

5）电源极性

二氧化碳气体保护焊时，主要是采用直流反极性连接，焊接过程稳定，飞溅小。而正极性焊接时，因为焊丝是阴极，焊件为阳极，在焊丝熔化速度快且电流相同的情况下，熔深较浅，余高较大，飞溅也较多。

6）焊接速度

焊接速度根据焊件材料的性质与厚度来确定。半自动焊，焊接速度在 15～40m/h 的范围内，自动焊时在 15～30m/h 的范围内。

7）气体流量

不同的接头型式，其焊接工艺参数及作业条件对气体流量的选择都有影响。细焊丝焊接时，气体流量为 8～15L/min，而粗丝焊时可达 25L/min。

确定焊接工艺参数的程序是根据板厚、接头型式、焊接操作位置等确定焊丝直径和焊接电流，同时考虑熔滴过渡型式，然后确定其他参数。最后通过焊接工艺评定，满足焊接过程稳定、飞溅小；焊缝美观，没有烧穿、咬边、气孔和裂纹，保证熔深，充分焊透等要求，则为合适的焊接参数。

（2）焊接过程

二氧化碳气体保护焊的焊接过程如图 2-16 所示。电源的两输出端分别接在焊枪和焊件上；盘状焊丝由送丝机构带动，经软管和导电嘴不断向电弧区域送给；二氧化碳气体以一定的压力和流量送入焊枪，通过喷嘴后，形成一股保护气流，使熔池和电弧不受空气侵入；随着焊枪的移动，熔池金属冷却凝固而形成焊缝，从而将被焊的焊件连成一体。

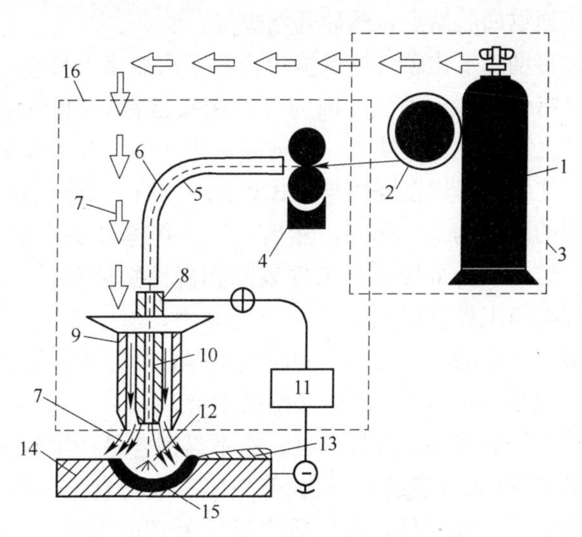

图 2-16　二氧化碳气体保护焊的焊接过程示意图

1—二氧化碳；2—焊丝盘；3—消耗材料；4—送丝机构；5—软管；6—焊丝；7—二氧化碳气体；8—焊枪；9—喷嘴；10—导电嘴；11—电源；12—电弧；13—焊缝；14—焊件；15—熔池；16—焊接设备

（3）基本操作

定位焊。二氧化碳气体保护焊时热输入较手弧焊时更大，这就要求定位焊缝有足够的强度。同时，由于定位焊缝将保留在焊缝中，焊接过程中也很难重熔，因此要求焊工要与焊接正式焊缝一样的要求来焊接定位焊，不能有缺陷。定位焊焊缝厚度不宜超过设计焊缝厚度的 2/3，长度宜 40mm 左右，间距为 500～600mm，并应填满弧坑。

引弧及收弧操作。为消除在引弧时产生飞溅、烧穿、气孔及未焊透等缺陷，宜用引弧板；不采用引弧板而直接在焊件端部引弧时，可在焊缝始端前 20mm 左右处引弧，起弧后立即快速返回起始点，然后开始焊接。

半自动二氧化碳气体保护焊，常采用短路引弧法。引弧前首先将焊丝端头剪去，因为焊丝端头常常有很大的球形，容易产生飞溅，造成缺陷。经剪断的焊丝端头应为锐角。引弧时，注意保持焊接姿势与正式焊接时一样，焊丝端头距工件表面的距离为 2～3mm。然后，按下焊枪开关自动送气、送电、送丝，直至焊丝与工件表面相碰而短路起弧。此时，由于焊丝与工件接触而产生一个反弹力，焊工应紧握焊枪，一定要保持喷嘴与工件表面的距离恒定，勿使焊枪因冲击而回升，这是防止引弧时产生缺陷的关键。

焊接结束前必须收弧，若收弧不当则容易产生弧坑，出现弧坑裂纹(火口裂纹)、气孔等缺陷。收弧宜采用收弧板，将火口引至试件之外，可以省去弧坑处理的操作。收弧时，特别要注意克服手弧焊的习惯性动作，不能将焊把向上抬起，否则将破坏弧坑处的保护效果。即使在弧坑已填满、电弧已熄灭的情况下，也要让焊枪在弧坑处停留几秒钟后方能移开，保证熔池凝固时得到可靠的保护。

接头操作。在焊接过程中，焊缝接头是不可避免的，而接头处的质量又是由操作手法所决定的。通常采用两种接头处理方法。

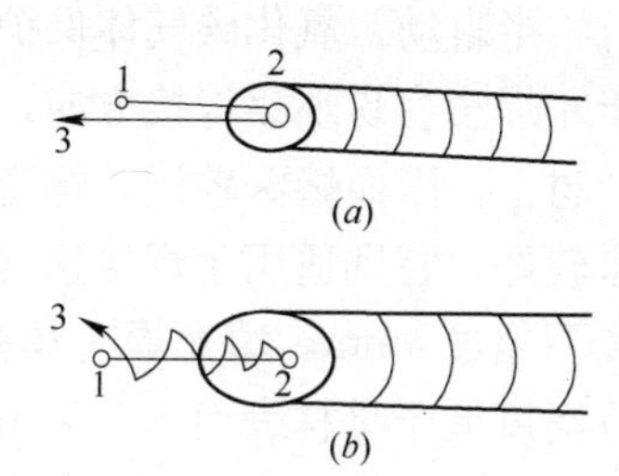

图 2-17　焊接接头处理方法示意图
(a)无摆动焊接时；(b)摆动焊接时；
1—引弧点；2—弧坑；3—焊接方向

方法一：当无摆动焊接时，可在弧坑前方约 20mm 处引弧，然后快速将电弧引向弧坑，待熔化金属填满弧坑后，立即将电弧引向前方，进行正常操作，如图 2-17(a)所示。

当采用摆动焊时，在弧坑前方约 20mm 处引弧，然后快速将电弧引向弧坑，到达弧坑中心后开始摆动并向前移动，同时，加大摆动转入正常焊接，如图 2-17(b)所示。

方法二：首先将接头处用磨光机打磨成斜面，如图2-18 所示。然后在斜面顶部引弧，引燃电弧后，将电弧斜移至斜面底部，转 1 圈后返回引弧处再继续向左焊接，如图 2-19 所示。

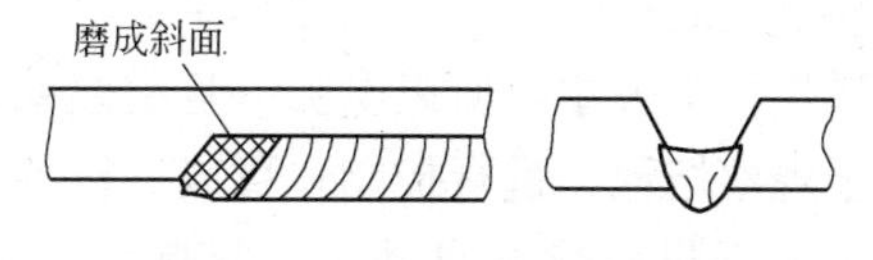

图 2-18　接头前的处理图样

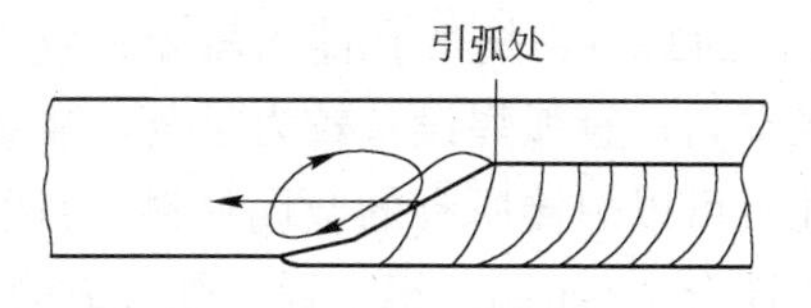

图 2-19　接头处的引弧操作图样

半自动二氧化碳气体保护焊通常都采用左焊法。这是由于左焊法容易观察焊接方向，看清焊缝；电弧不直接作用于母材上，因而熔深较浅，焊道平而宽，抗风能力强，保护效果较好，特别适用于焊接速度较快时的焊接。打底焊焊层高度不超过 4mm，填充焊时焊枪横向摆动，使焊道表面下凹，且高度低于母材表面 1.5～2mm，盖面焊时焊接熔池边缘应超过坡口棱边 0.5～1.5mm，防止咬边。右焊法的特点则刚好与此相反。

（三）氩　弧　焊

用氩气作为保护气体的气体保护焊称为氩弧焊。氩弧焊分交直流两种，直流焊接不锈钢、铁等金属；交流焊接铝、铜等金属。

1. 特点及分类

(1) 氩弧焊的优点是：氩气是惰性气体，它既不与金属发生化学反应，又不溶解于金属，因而是一种理想的保护气体，能获得高质量的焊缝；氩气的导热系数小，高温时不分解吸热，电弧热量损失小，所以电弧一旦引燃就很稳定；明弧焊接，便于观察熔池，进行控制；可以进行各种空间位置的焊接，易于实现机械化和自动化。氩弧焊一般用于 8mm 以下薄板焊接。

(2) 氩弧焊的缺点：抗气孔能力较差；效率低，氩气价格贵，焊接成本高；氩弧焊设备较为复杂，维修不便。

氩弧焊几乎可以焊接所有的金属材料，目前主要用于焊接易氧化的非铁合金(如铜、铝、镁、钛及其合金)、难熔活性金属(钼、锆、铌等)、高强度合金钢以及一些特殊性能合金钢(如不锈钢、耐热钢等)。

按所采用的电极不同，氩弧焊可分为钨极氩弧焊(TIG)和熔化极氩弧焊两类，如图 2-20 所示。钨极氩弧焊主要用于管板焊接、管子焊接和打底焊。熔化极氩弧焊一般用来焊接中、厚板。钨极氩弧焊按操作方式不同分为手工焊、半自动焊和自动焊三种。

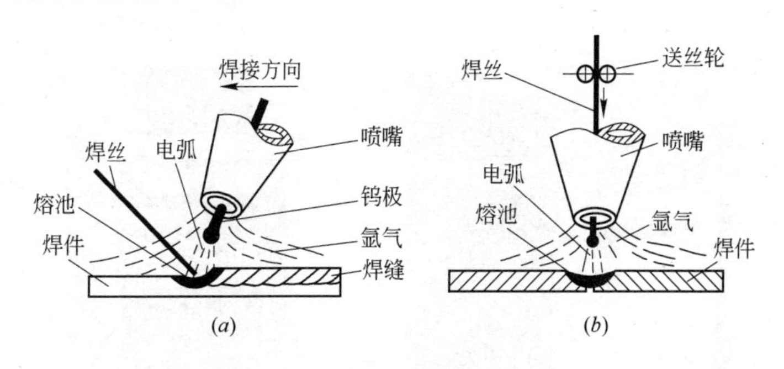

图 2-20　氩弧焊

(a)钨极氩弧焊；(b)熔化极氩弧焊

2. 焊接设备

手工钨极氩弧焊焊接设备系统主要由焊接电源、控制系统、焊枪、供气系统和供水系统等部分组成。

目前常用的有 ZX7-400st(WS-400)型逆变直流氩弧焊机和 NSA4-300 型手工钨极氩弧焊机。ZX7-400st(WS-400)型逆变直流氩弧焊机外形如图 2-21 所示。焊机主要技术数据有：额定输入电压为 380V，输入电源频率为 50Hz，输入电源相数为三相，额定输入功率为 21kVA，最高空载电压为 70V，焊接电流调节范围为 10～400A，额定负载持续率为 60％。

NSA4-300 型手工钨极氩弧焊机如图 2-22 所示。它主要由 ZXG7-300-1 型硅整流器、K2 型控制器以及焊枪等部分组成。焊机主要技术数据有：焊机空载电压为 72V，工作电压为 25～30V，焊接电流调节范围为 20～300A，额定焊接电流为 300A，钨极直径为 1～5mm，额定负载率为 60%，电源电压为 380/220V，相数为 3，频率为 50Hz，焊接电源种类为直流电源。

图 2-21　ZX7-400st(WS-400)型手工钨极氩弧焊机

图 2-22　NSA4-300 型手工钨极氩弧焊机

3. 焊接工艺

(1) 工艺参数

手工钨极氩弧焊的工艺参数有：焊接电源种类和极性、钨极直径、焊接电流、电弧电压、氩气流量、焊接速度、喷嘴直径、喷嘴至焊件的距离和钨极伸出长度等。

1) 焊接电源种类和极性

电源种类和极性可根据焊件材质进行选择，见表 2-17。

电源种类和极性的选择　　表 2-17

电源种类和极性	被焊金属材料
直流正接	低碳钢、低合金钢、不锈钢、耐热钢、铜、钛及其合金
直流反接	适用于各种金属的熔化极氩弧焊，钨极氩弧焊很少采用
交流电源	铝、镁及其合金

采用直流正接时，工件接正极，温度较高，适于焊厚件及散热快的金属；钨棒接负极，温度低，可提高许用电流，同时钨极烧损小。直流反接时，钨极接正极烧损大，所以很少采用。

采用交流钨极氩弧焊时，阴极有去除氧化膜的作用，利用这种“阴极破碎”作用，在焊接铝、镁及其合金时，能去除表面致密的高熔点氧化膜。所以，通常用交流钨极氩弧焊来焊接氧化性强的铝镁及其合金。

2）钨极直径

钨极直径主要按焊件厚度、焊接电流的大小和电源极性来选择。如果钨极直径选择不当，将造成电弧不稳、钨棒烧损和焊缝夹钨等现象。

3）焊接电流

焊接电流主要根据工件的厚度和空间位置选择，过大或过小的焊接电流都会使焊缝成型不良或产生焊接缺陷。所以，必须在不同钨极直径允许的焊接电流范围内，正确地选择焊接电流，其选择见表 2-18。

不同直径钨极的许用电流范围　　表 2-18

钨极直径(mm)	直流正接(A)	直流反接(A)	交流(A)
1	15～80		20～60
1.6	70～150	10～20	60～120

续表

钨极直径(mm)	直流正接(A)	直流反接(A)	交流(A)
2.4	140～235	15～30	100～180
3.2	225～325	25～40	160～250
4.0	300～400	40～55	200～320
5.0	400～500	55～80	290～390

4）电弧电压

电弧电压由弧长决定，电压增大时，熔宽稍有增大，熔深减小。通过焊接电流和电弧电压的配合，可以控制焊缝形状。当电弧电压过高时，易产生未焊透现象，并使氩气保护效果变差。因此，应在电弧不短路的情况下，尽量减小电弧长度。钨极氩弧焊的电弧电压选用范围一般是10～24V。

5）氩气流量

为了可靠地保护焊接区不受空气污染，必须有足够流量的保护气体。氩气流量越大，保护层抵抗流动空气影响的能力越强。但流量过大不仅浪费氩气，还可能使保护气流形成紊流，将空气卷入保护区，反而降低保护效果。所以，氩气流量要选择恰当，一般气体流量可按下列经验公式确定：

$$Q=(0.8\sim1.2)D$$

式中 Q——氩气流量，L/min；

D——喷嘴直径，mm。

6）焊接速度

焊接速度加快时，氩气流量要相应加大。焊接速度过快，由于空气阻力对保护气流的影响，会使保护层可能偏离钨极和熔池，从而使保护效果变差。同时，焊接速度还显著地影响焊缝成型。因此，应选择合适的焊接速度。

7）喷嘴直径

增大喷嘴直径的同时也增大气体流量，此时保护区大，保护效果好。但喷嘴过大时，不仅使氩气的消耗量增加，而且可能使焊炬伸不进去，或妨碍焊工视线，不便于观察操作。故一般钨极氩弧焊喷嘴直径以5～14mm为佳。

8）喷嘴至焊件的距离

这里是指喷嘴端面和焊件间的距离，这个距离越小，保护效果越好，所以，喷嘴距焊件间的距离应尽可能小些。但过小，将使操作、观察不方便，因此，通常取喷嘴至焊件间的距离为5～15mm。

9）钨极伸出长度

为了防止电弧热烧坏喷嘴，钨极端部突出喷嘴之外。而钨极端头至喷嘴端面的距离称为钨极伸出长度。钨极伸出长度越小，喷嘴与焊件之间的距离越近，保护效果越好，但过近会妨碍观察熔池。钨极端部要磨光，端部形状随电源变化，交流用圆珠形，直流用锥台形，锥度取决于电流，电流越小，锥度越大。

通常焊接对接焊缝时，钨极伸出长度为3～6mm较好；焊角焊缝时，钨极伸出长度为7～8mm较好。铝及铝合金、不锈钢的手工钨极氩弧焊，其焊接工艺参数的选择见表2-19和表2-20。

铝及铝合金（平对接焊）手工交流氩弧焊规范　　表2-19

工件厚度（mm）	钨极直径（mm）	焊接电流（A）	焊丝直径（mm）	喷嘴内径（mm）	氩气流量（L/min）	焊接速度（mm/min）
1.2	1.6～2.4	45～75	1～2	6～11	3～5	—
2	1.6～2.4	80～110	2～3	6～11	3～5	180～230
3	2.4～3.2	100～140	2～3	7～12	6～8	110～160

续表

工件厚度(mm)	钨极直径(mm)	焊接电流(A)	焊丝直径(mm)	喷嘴内径(mm)	氩气流量(L/min)	焊接速度(mm/min)
4	3.2～4	140～230	3～4	7～12	6～8	100～150
6	4～6	210～300	4～5	10～12	8～12	80～130
8	5～6	240～300	5～6	12～14	12～16	80～130

不锈钢(平对接焊)手工直流(正接)氩弧焊规范　表 2-20

接头形式	工件厚度(mm)	钨极直径(mm)	焊丝直径(mm)	钨极伸出长度(mm)	氩气流量(L/min)	焊接电流(A)
I形接头	0.8	1	1.2	5～8	6	18～20
	1	2	1.6	5～8	6	20～25
	1.5	2	1.6	5～8	7	25～30
	2	3	1.6～2	5～8	7～8	35～45
V形接头	2.5	3	1.6～2	5～8	8～9	60～80
	3	3	1.6～2	5～8	8～9	75～85
	4	3	2	5～8	9～10	75～90

(2) 焊接过程

焊接前应对焊接设备进行检查。检查焊枪是否正常，地线是否可靠。检查水路、气路是否通畅，仪器仪表是否完好。检查高频引弧系统、焊接系统是否正常，导线、电缆接头是否可靠，对于熔化极氩弧焊，还要检查调整机构、送丝机构是否完好。根据工件的材质选择极性，接好焊接回路，一般材质用直流正接，对铝及铝合金用交流电源。检查焊接坡口是否合格，坡口表面不得有油污、铁锈等，在焊缝两侧200mm内要除油除锈。对于用胎具的要检查其可靠性，对焊件需预热的还要检查预热设备、测温仪器。

手工焊时，填充焊丝的添加和电弧的移动均靠手工操作；半自动焊时，填充焊丝的送进由机械控制，电弧的移动则靠手工操作；自动焊时，填充焊丝的送进和电弧的移动都由机械控制。

手工钨极氩弧焊焊接过程如图 2-20(*a*)所示。焊接时，在钨极与焊件之间产生电弧，焊丝从一侧送入，在电弧热作用下，焊丝端部与焊件熔化形成熔池，随着电弧前移，熔池金属冷却凝固后形成焊缝。氩气从焊枪的喷嘴中连续喷出，在电弧周围形成气体保护层隔绝空气，以防止空气对钨极、电弧、熔池及加热区的有害污染，从而获得优质焊缝。

熔化极氩弧焊的焊接过程如图 2-20(*b*)所示。它利用焊丝作电极，在焊丝端部与焊件之间产生电弧，焊丝连续地向焊接熔池送进。氩气从焊枪喷嘴喷出以排除焊接区周围的空气，保护电弧和熔化金属免受大气污染，从而获得优质焊缝。熔化极氩弧焊的操作方式分自动和半自动两种。焊接时可以采用较大的焊接电流，通常适用于焊接中厚板焊件。焊接钢材时，熔化极氩弧焊一般采用直流反接，以保证电弧稳定。

(3) 操作要点

由于钨极氩弧焊对熔池的保护及可见性好，熔池温度又容易控制，所以不易产生焊接缺陷，适合于各种位置的焊接。其操作技能要求如下。

手工钨极氩弧焊通常采用左焊法(焊接过程中焊接热源从接头右端向左端移动，并指向待焊部分的操作法)，故将试件装配间隙大端放在左侧。

1) 引弧：引弧前通过焊枪向焊点提前 1.5～4 秒输送保护气体，以驱赶管内和焊接区的空气。用水冷式焊枪时，送水和送气应同时进行。在试件右端定位焊缝上引弧。

引弧可以采用短路引弧法（接触引弧法）或高频引弧法。短路引弧法即在钨极与焊件瞬间短路，立即稍稍提起，在焊件和钨极之间便产生了电弧。高频引弧法是利用高频引弧器把普通工频交流电（220V 或 380V，50Hz）转换成高频（150～260kHz）、高压（2000～3000V）电，把氩气击穿电离，从而引燃电弧。

引弧时采用较长的电弧（弧长约为 4～7mm），使坡口外预热 4～5 秒。

2）焊接：引弧后预热引弧处，当定位焊缝左端形成熔池，并出现熔孔后开始送丝。焊丝、焊枪与焊件角度如图 2-23所示。焊接打底层时，采用较小的焊枪倾角和较小的焊接电流。手工焊时喷嘴离工件的距离应尽可能减小，钨极中心线与工件一般保持 80°～85°，填充焊丝应位于钨极前方边熔化边送丝，要求均匀准确，不可扰乱氩气气流。手工焊接过程必须保持一稳定高度的电弧，焊枪均匀移动。

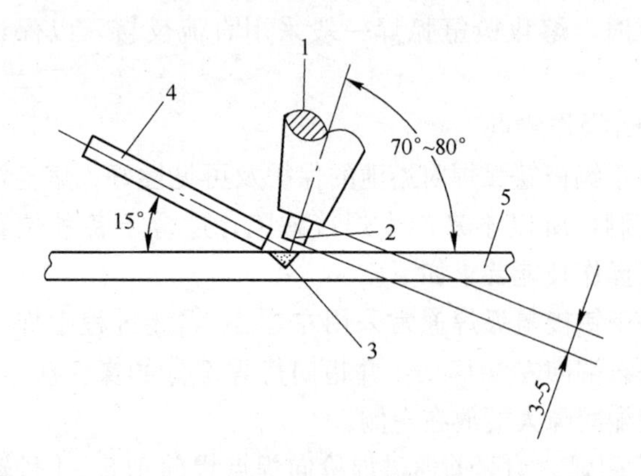

图 2-23　焊丝、焊枪与焊件角度示意图

1—焊枪；2—电极；3—熔池；4—焊丝；5—焊件

由于焊接速度和送丝速度过快，容易使焊缝下凹或烧穿，因此焊丝送入要均匀，焊枪移动要平稳、速度一致。焊接时，要密切注意焊接熔池的变化，保证背面焊缝成型良好。当熔池增大、焊缝变宽并出现下凹时，说明熔池温度过高，应减小焊枪与焊件夹角，加快焊接速度；当熔池减小时，说明熔池温度过低，应增加焊枪与焊件夹角，减慢焊接速度。

熔化极自动氩弧焊时，焊极端部与焊件之间的距离为0.8～2mm。对薄板对接焊缝应用引弧板和熄弧板，并用钢性夹固以防变形；对环焊缝，焊缝首尾应重叠10～20mm。

焊接时应注意焊缝表面的颜色，以判断氩气的保护效果，对于不锈钢以银白、金黄色最好，颜色变深、变灰黑都不好。

进行填充层焊接时，焊枪可做圆弧“之”字形横向摆动，其幅度应稍大，并在坡口两侧停留，保证坡口两侧熔合好，焊道均匀。从试件右端开始焊接，注意熔池两侧熔合情况，保证焊缝表面平整且稍下凹。盖面层的焊道焊完后应比焊件表面低1.0～1.5mm，以免坡口边缘熔化导致盖面层产生咬边或焊偏现象，焊完后将焊道表面清理干净。

盖面焊操作与填充层基本相同，但要加大焊枪的摆动幅度，保证熔池两侧超过坡口边缘0.5～1mm，并按焊缝余高决定填丝速度与焊接速度，尽可能保持速度均匀，熄弧时必须填满弧坑。

3）接头：当更换焊丝或暂停焊接时，需要接头。这时松开焊枪上按钮开关（使用接触引弧焊枪时，立即将电弧移至坡口边缘上快速灭弧），停止送丝，利用焊机电流衰减熄弧。但焊枪仍需对准熔池进行保护，待其完全冷却后方能移开焊枪。若焊机无电流衰减功能，应在松开按钮开关后稍抬高焊枪，待电弧熄灭、熔池完全冷却后移开焊枪。进行接头前，应先检查接头熄弧处弧坑质量。如果无氧化物等缺陷，则可直接进行接头焊接。如果有缺陷，则必须将缺陷修磨掉，并将其前端打磨成斜面，然后在弧坑右侧 15～20mm 处引弧，缓慢向左移动，待弧坑处开始熔化形成熔池和熔孔后，继续填丝焊接。

4）收弧：当焊至试件末端时，应减小焊枪与试件夹角，使热量集中在焊丝上，加大焊丝熔化量以填满弧坑。切断控制开关，焊接电流将逐渐减小，熔池也随着减小，将焊丝抽离电弧(但不离开氩气保护区)。停弧后，氩气延时约 10 秒关闭，从而防止熔池金属在高温下氧化。

焊后清理检查焊接结束后，关闭焊机，用钢丝刷清理焊缝表面；用肉眼或低倍放大镜，检查焊缝表面是否有气孔、裂纹、咬边等缺陷；用焊缝量尺测量焊缝外观成型尺寸。

（四）焊接实例

1. 管道焊接

管道焊接头分为固定管和转动管两种焊接方法。固定管焊接多用于最终安装接头，转动管的焊接是管件组对中常遇到的，使用较多。

（1）管子转动焊接的操作要领

1）焊接层次和坡口尺寸的确定。管子壁厚等于和大于 3.5mm 时，应焊接两层；管壁薄的管道可一次焊成。

为了保证焊缝根部的熔合质量，坡口的型式和组对间隙应按焊接工艺的要求执行。一般对于壁厚小于 3.5mm 的管接头可不开坡口，对缝间隙留 1～2mm。3.5mm 以上壁厚时，开 V 形坡口(如图 2-24)。

2）焊接熔池位置。转动焊时，焊接熔池的位置十分重要。熔池相对于管子的几何中心应有一个偏移量。在封底时，熔池应在偏移转动方向的前方 5～8mm(对中口径管)成“爬坡”焊位置，这样焊根容易焊透。盖面焊时，应偏向转动方向后侧成“下坡”焊位置，从而使焊缝表面成型较平展，并可避免焊缝两边咬肉，如图 2-25 所示。

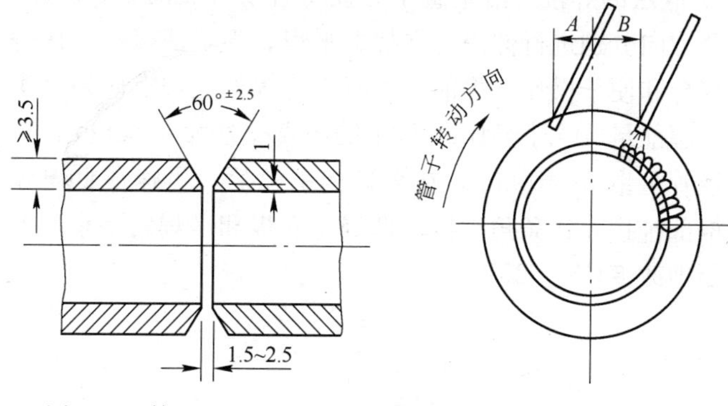

图 2-24　管子开 V 形坡口

图 2-25　转动焊时熔池的位置

A—盖面焊的偏移量；*B*—封底焊的偏移量

3）焊接电流的选用。封底焊时可以采用击穿法操作，也可采用连续焊接法。层间焊缝施焊时，由于采用接近平焊的位置，可参照平焊电流选用，但应略小些。

（2）固定管全位置焊接的操作要领

1）管口的组对与点固焊。管口组对时避免错口和弯曲。ϕ51mm 以下的小口径管一般用一个点固焊点，该焊点位于截面上方，此时始焊点位于管截面的下方；大口径管应点固三个焊点(图 2-26)。

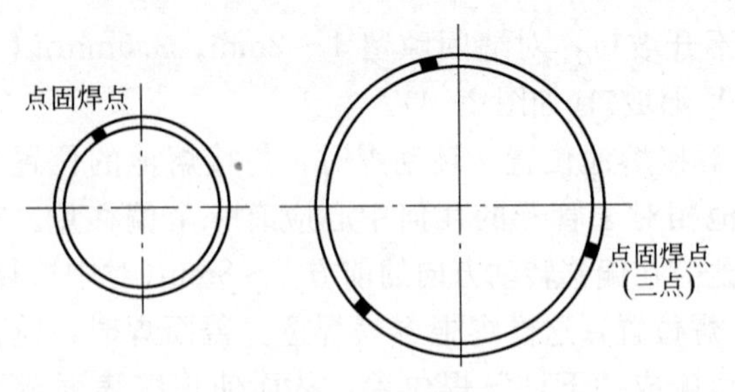

图 2-26 点固焊

2）底层的焊接。沿垂直中心线将管子分成两半，从左、右两个方向分别进行仰焊、立焊、平焊。为了使接头处保持良好熔合和便于操作，焊前一半时，仰焊处起焊点应超过中心线，超前量(A)对 ϕ51mm 以下的小直径管为 2～3mm，对大口径管可取 5～10mm。在坡口内引弧后，迅速压低电弧熔穿根部钝边。运条角度按照仰焊、立焊和平焊的要求，连续不断地改变(图 2-27)。

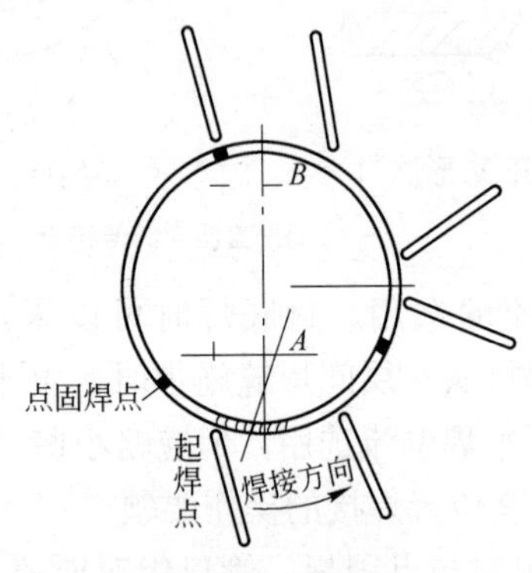

图 2-27 底层焊接

3）接头和收口。因起焊处易产生气孔和未焊透，因此应将起焊处修成缓坡并将电弧拉长进行预热。具备形成熔池的条件之后，再压低电弧，正常运条操作。距收口 3～5mm 时，应注意压低电弧，焊穿根部。熄弧前，必须填满弧坑，而后将电弧引至坡口一侧熄弧。

4）中间层及表层焊接时，应使焊缝接头与前一层的弧坑错开。

2. 不锈钢焊接

奥氏体不锈钢适用于焊条电弧焊、氩弧焊。焊条电弧焊选用化学成分相同的奥氏体不锈钢焊条；氩弧焊所用的焊丝化学成分应与母材相同。奥氏体不锈钢焊条电弧焊时，应采用细焊条，小线能量(主要用小电流)快速不摆动焊，最后焊表面焊缝。

马氏体不锈钢焊接焊前要预热，焊后进行消除残余应力的处理。

铁素体不锈钢焊接通常在 150℃以下预热，减少高温停留时间，并采用小线能量焊接工艺。

不锈钢与低碳钢或低合金钢焊接，通常用焊条电弧焊。焊条选用 E307-15 不锈钢焊条。

3. 铝及铝合金焊接

在现代工业上广泛采用氩弧焊、气焊、电阻焊和钎焊焊接铝及铝合金。

氩弧焊是较为理想的焊接方法。以氩气的阴极破碎作用去除氧化膜，焊接质量好，耐腐蚀性较强。一般厚度在 8mm 以下采用钨极(非熔化极)氩弧焊，厚度在 8mm 以上采用熔化极氩弧焊。

要求不高的纯铝和热处理不能强化铝合金可采用气焊。焊丝选用与母材成分相同的铝焊丝，或从母材上切下的窄条；对于热处理强化的铝合金，采用铝硅合金焊丝，使用熔剂(如 CJ401)去除氧化膜和杂质。气焊适用于板厚 0.5～2mm 的薄件焊接。

无论用哪种方法焊接铝及铝合金，焊前必须彻底清理焊接部位和焊丝表面的氧化膜和油污。由于铝熔剂对铝有强烈的腐蚀作用，焊后应仔细清洗，防止熔剂对铝焊件的继续腐蚀。

4. 铜及铜合金的焊接

铜及铜合金可用氩弧焊、气焊等方法进行焊接。

氩气对熔池保护性可靠，接头质量好，飞溅少，成形美观，广泛用于纯铜、黄铜和青铜的焊接中。纯铜钨极氩弧焊焊丝用 HSCu，铜合金用相同成分的焊丝。黄铜气焊填充金属采用 $w_{si}=0.3\%\sim0.7\%$ 的黄铜或焊丝 HSCuZn-4。气焊焊剂用“CJ301”。

铜及铜合金也可采用焊条电弧焊，选用相同成分的铜焊条。

三、气焊与气割

气焊是利用气体火焰作热源的一种焊接方法，如图 3-1 所示。气体火焰是由可燃气体和助燃气体混合燃烧而形成的，当火焰产生的热量能熔化母材和填充金属时，就可以用于焊接。

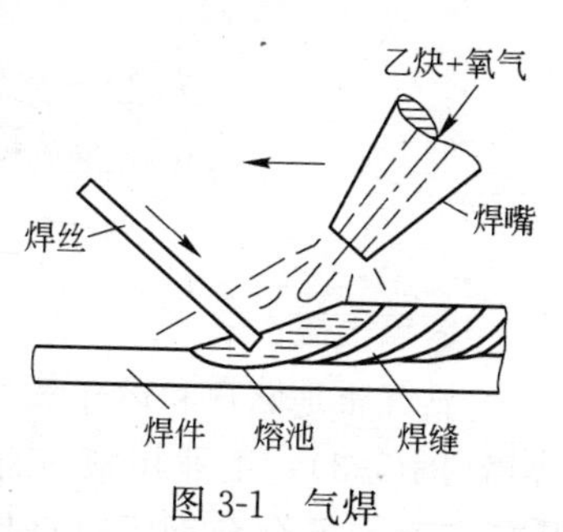

图 3-1　气焊

气焊最常使用的气体是乙炔和氧气。乙炔和氧气混合燃烧形成的火焰称为氧乙炔焰。

火焰加热容易控制熔池温度，易于实现均匀焊透和单面焊双面成形；气焊设备简单，移动方便，施工场地不限。但气体火焰温度比电弧低，热量分散，加热较为缓慢，生产率低，焊件变形严重。另外，其保护效果较差，焊接接头质量不高。

气焊主要应用于焊接厚度 3mm 以下的低碳钢薄板和薄壁管子以及铸铁件的焊补，对铝、铜及其合金，当质量要求不高时，也可采用气焊。

（一）气焊设备

气焊所用的设备由氧气瓶、乙炔瓶、减压器、回火防止器、焊炬和橡胶管等组成，如图 3-2 所示。

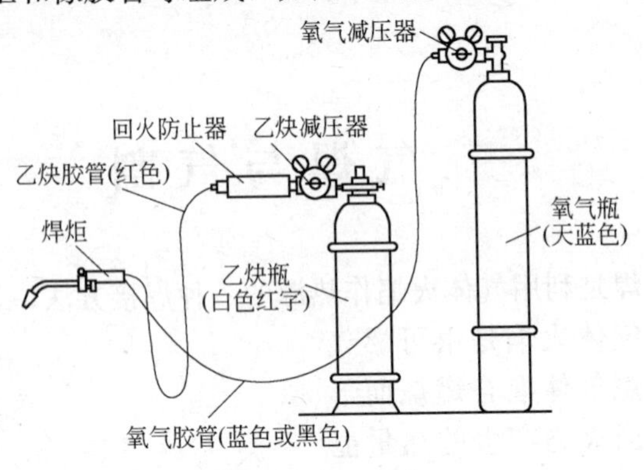

图 3-2　气焊设备

1. 氧气瓶

氧气瓶是储存和运输氧气的高压容器(图 3-3)。工业用氧气瓶是用优质碳素钢或低合金钢经热挤压、收口而成的无缝容器。按照规定，氧气瓶外表面涂天蓝色漆，并用黑漆标以“氧气”字样。最常用的氧气瓶容积为 40L，在 15MPa 工作压力下，可储存 60m³ 的氧气。

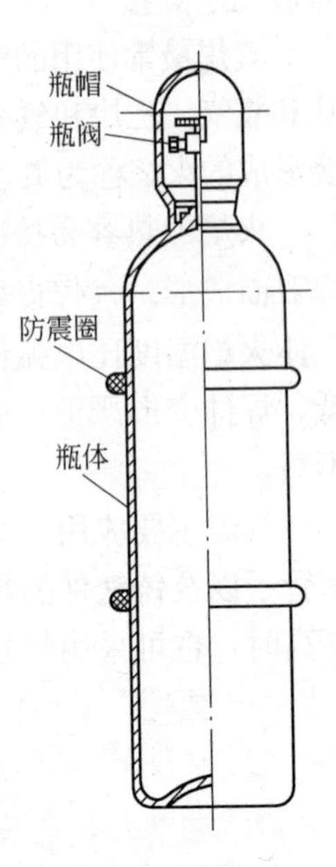

图 3-3　氧气瓶

使用氧气瓶时必须保证安全，注意防止氧气瓶爆炸。放置氧气瓶要平稳可靠，不应与其他气瓶混放在一起；运输时应避免互相撞击；氧气瓶不得靠近气焊、电焊工作场所、配电箱和其他热源(如火炉、暖气片等)；暑期要防止曝晒，冬期阀门冻结时严禁用火烤，应用热水解冻；氧气瓶上严禁沾染油脂，不用时应戴好瓶帽。开关氧气瓶的扳手也不得带有油污。

2. 乙炔瓶

乙炔瓶是储存和运输乙炔用的容器(图 3-4)，其外形与氧气瓶相似，外表面漆成白色，并用红漆标上“乙炔”和“火不可近”字样。

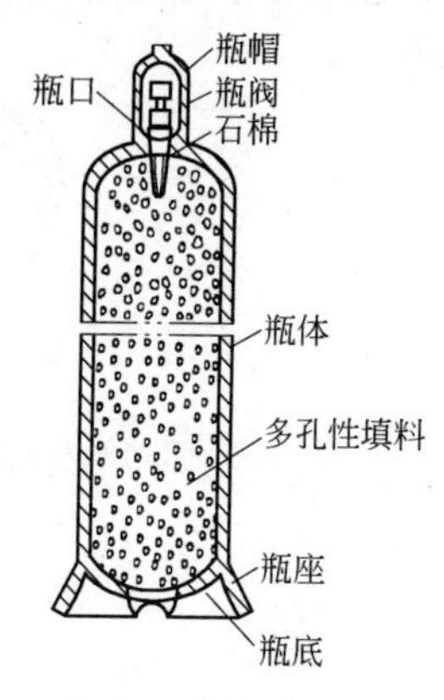

图 3-4　乙炔瓶

乙炔瓶的工作压力为 1.5MPa。在乙炔瓶内装有浸满丙酮的多孔性填料，能使乙炔稳定而又安全地储存在瓶内。使用时，溶解在丙酮内的乙炔分解出来，通过乙炔瓶阀放出，而丙酮仍留在瓶内，以便溶解再次压入的乙炔。乙炔瓶阀下面填料中心部分的长孔内放有石棉，其作用是促使乙炔从多孔性填料中分解出来。

使用乙炔瓶时，除应遵守氧气瓶使用要求外，还应注意：瓶体的温度不能超过 30～40℃，乙炔瓶只能直立，不能横躺卧放，不得遭受剧烈震动，存放乙炔瓶的场所应注意通风。

3. 减压器

减压器是将高压气体降为低压气体的调节装置。气焊时所需的气体工作压力一般都比较低，如氧气压力通常为 0.2～0.3MPa，乙炔压力最高不超过 0.15MPa。因此，必须将气瓶内输出的气体减压后才能使用。减压器的作用就是降低气瓶输出的气体压力，并能保持降压后的气体压力稳定，而且可以调节减压器的输出气体压力。

图 3-5 所示为一种常用的氧气减压器的外形，其内部构造

和工作原理如图 3-6 所示。调节螺钉松开时，活门弹簧将活门关闭，减压器不工作。从氧气瓶来的高压氧气停留在高压室，高压表指示出高压气体压力，即氧气瓶内的气体压力。

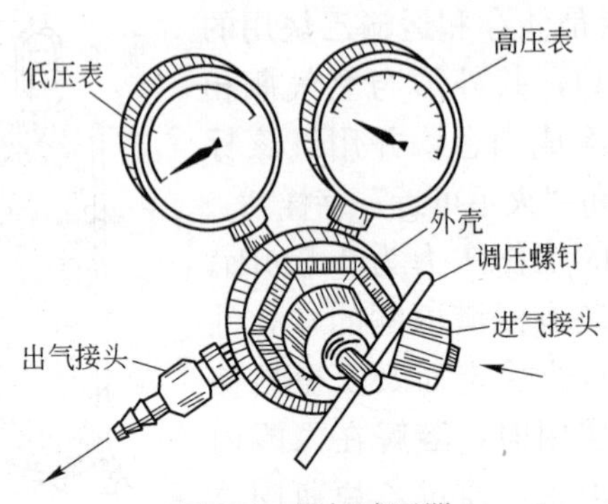

图 3-5　氧气减压器

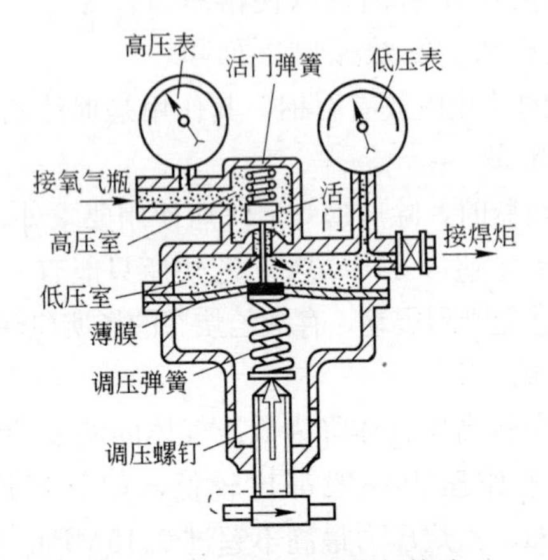

图 3-6　氧气减压器内部构造

减压器工作时，拧紧调压螺钉，使调压弹簧受压，活门被顶开，高压气体进入低压室。由于气体体积膨胀，压力降低，低压表指示出低压气体压力。随着低压室中气体压力增加，压迫薄膜及调压弹簧，使活门的开启度逐渐减小。当低压室内气体压力达一定数值时，会将活门关闭。控制调压螺钉拧入程度，可以改变低压室的气体压力，获得所需的工作压力。

焊接时，低压氧气从出气口通往焊炬，低压室内压力降低。这时薄膜上鼓，活门重新开启，高压气体进入低压室，以补充输出的气体。当输出的气体量增大或减小时，活门的开启度也会相应地增大或减小，以自动维持输出的气体压力稳定。

乙炔进出乙炔瓶由瓶阀控制。由于乙炔瓶阀的阀体旁侧没有连接减压器的侧接头，故乙炔的减压装置必须使用带有夹环的乙炔减压器。乙炔减压器可将进口 2.0MPa 的压力降至出口的 0.01～0.15MPa，供焊炬或割炬使用。如图 3-7 所示。

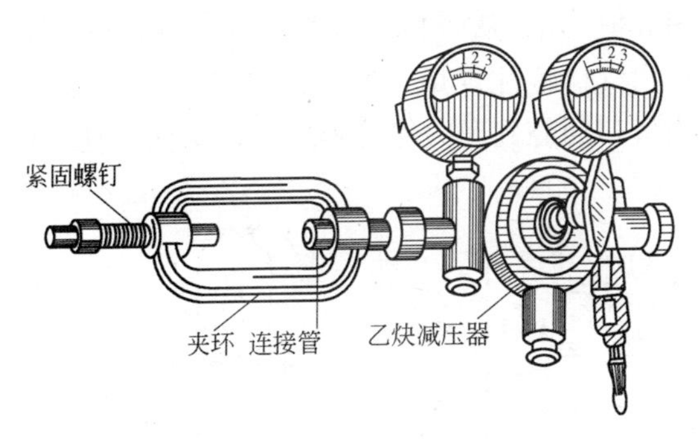

图 3-7 带夹环的乙炔减压器

4. 回火保险器

回火是气体火焰进入喷嘴内逆向燃烧的现象，分逆火和回烧两种情况。逆火是火焰向喷嘴孔逆行，并瞬时自行熄灭，同时伴有爆鸣声；回烧是火焰向喷嘴孔逆行，并继续向混合室和气体管路燃烧。回烧可能烧毁焊炬、管路以及引起可燃气体源的爆炸。

发生回火的根本原因是混合气体从焊炬的喷嘴孔内喷出的速度(即喷射速度)小于混合气体燃烧速度。由于混合气体的燃烧速度一般是不变的，所以造成喷射速度降低的各种因素都可能引起回火现象。如乙炔气体压力不足、焊嘴堵塞、焊嘴离焊件太近、焊嘴过热等。

回火保险器是装在乙炔瓶和焊炬之间的防止乙炔向乙炔瓶回烧的安全装置。其作用是截住回火气体，防止回火蔓延到可燃气体源，保证安全。回火保险器按使用压力分为低压和中压两种，按阻燃介质分为水封式和干式两种。这里介绍中压水封式回火保险器。

中压水封式回火保险器的结构与工作原理如图 3-8 所示。使用前，先加水到水位阀的高度，关闭水位阀。正常气焊时［图 3-8(*a*)］，从进口流入的乙炔推开球阀进入回火保险器，从出气口输往焊炬。发生回火时［图 3-8(*b*)］。回火气体从出气口回烧到回火保险器中，被水面隔住。由于回火

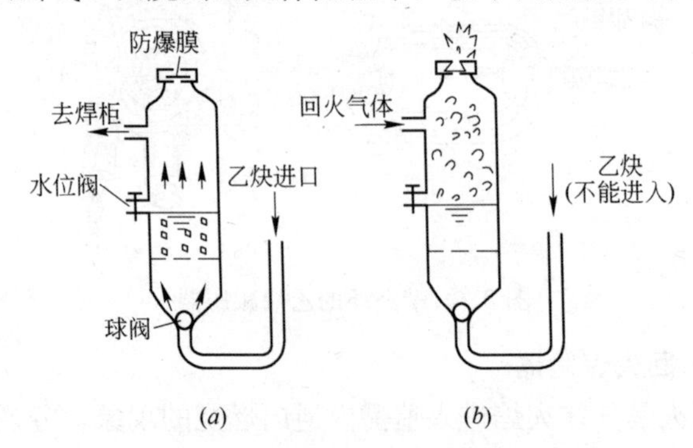

图 3-8　中压水封式回火保险器

(*a*)正常工作时；(*b*)回火时

气体压力大，使球阀关闭，乙炔不能再进入回火保险器，从而有效地截留回火气体，防止继续回烧。当回火保险器内回火气体压力增大到一定限度时，其上部的防爆膜破裂，排放出回火气体，更换防爆膜后才可继续使用。

5. 焊炬与割炬

气焊时用于控制火焰进行焊接的工具称为焊炬，其作用是将乙炔和氧气按一定比例均匀混合，由焊嘴喷出后，点火燃烧，产生气体火焰。按可燃气体与氧气在焊炬中的混合方式分为射吸式和等压式两种，以射吸式焊炬应用最广，其外形如图 3-9 所示。常用的型号有 H01-2 和 H01-6 等，“H” 表示焊炬，“0” 表示手工操作，“1” 表示射吸式，“2” 和 “6” 表示可焊接低碳钢的最大厚度分别为 2mm 和 6mm。

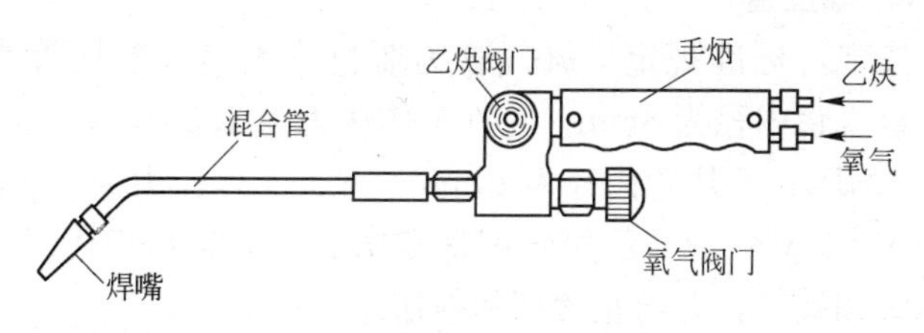

图 3-9　焊炬

割炬按乙炔气体和氧气混合的方式不同可分为射吸式和等压式两种，前者主要用于手工切割，后者多用于机械切割。射吸式割炬的外形如图 3-10 所示。

常用割炬的型号有 G01-30 和 G01-100 等。型号中 “G” 表示割炬，“0” 表示手工操作，“1” 表示射吸式，“30” 和 “100” 表示最大的切割低碳钢厚度为 30mm 和 100mm。每种型号的割炬配有几个不同大小的割嘴，用于切割不同厚度的割件。

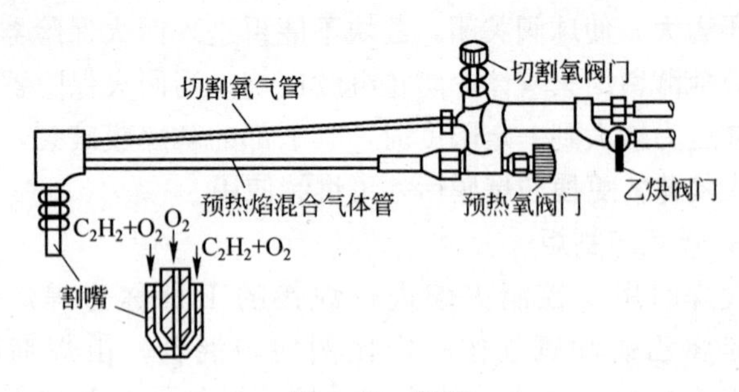

图 3-10　割炬

割炬的作用是使氧气与乙炔按比例进行混合，形成预热火焰，并将高压纯氧喷射到被切割的工件上，使被切割金属在氧射流中燃烧，氧射流将燃烧生成的熔渣(氧化物)吹走而形成割缝。

6. 橡皮管

按现行标准规定，氧气管为蓝色或黑色，乙炔管为红色。氧气管内径为 8mm，允许工作压力为 1.5MPa，试验压力为 3MPa；乙炔管内径为 10mm，允许工作压力为 0.5MPa 或 1MPa。氧气管与乙炔管都是专用的，不能互相代用，禁止油污和漏气，并防止烫坏和损伤。

（二）焊接火焰和气焊工艺

1. 焊接火焰

气焊火焰是由可燃气体与氧气混合燃烧而形成的。生产中乙炔和氧气混合燃烧的火焰最常用，这种火焰称为氧乙炔焰。改变乙炔和氧气的混合比例，可以获得三种不同性质的火焰，如图 3-11 所示。

(1) 中性焰

氧气和乙炔的混合比为 1.1～1.2 时燃烧所形成的火焰称为中性焰，如图 3-11(*a*)所示，由焰心、内焰和外焰三部分组成。焰心成尖锥状，色白明亮，轮廓清楚；内焰颜色发暗，轮廓不清楚，与外焰无明显界限；外焰由里向外逐渐由淡紫色变为橙黄色。中性焰在距离焰心前面 2～4mm 处温度最高，为 3050～3150℃。中性焰的温度分布如图 3-12 所示。中性焰适用于焊接低碳钢、中碳钢、低合金钢、不锈钢、紫铜、铝及铝合金、镁合金等材料。

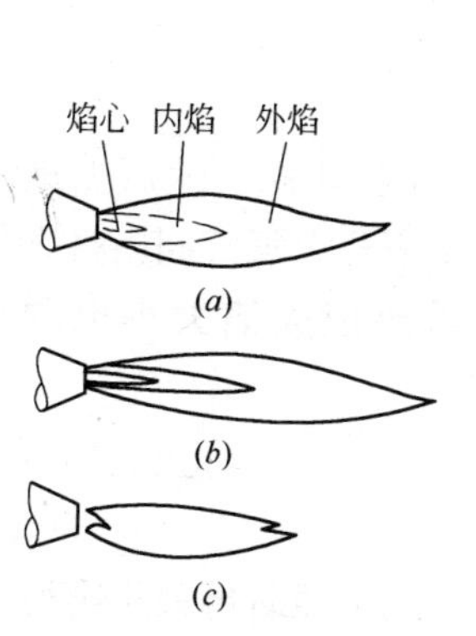

图 3-11　焊接火焰

(*a*)中性焰；(*b*)碳化焰；(*c*)氧化焰

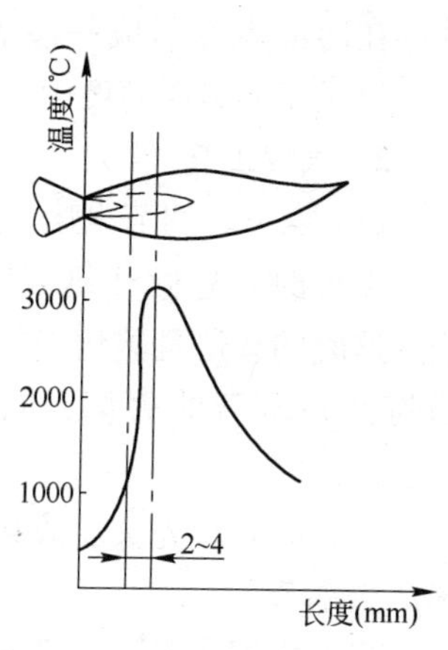

图 3-12　中性焰的温度分布

(2) 碳化焰

氧气与乙炔的混合比小于 1.1 时燃烧所形成的火焰称为碳化焰，如图 3-11(*b*)所示。由于乙炔过剩，火焰中有游离碳和多量的氢，碳会渗到熔池中造成焊缝增碳现象。碳化焰比中性焰长，其结构也分为焰心、内焰和外焰三部分。焰心呈亮白色，内焰呈淡白色，外焰呈橙黄色。乙炔量多时火焰还会冒黑烟。碳化焰的最高温度为2700～3000℃。碳化焰适用于焊接高碳钢、高速钢、铸铁、硬质合金、碳化钨等材料。

(3) 氧化焰

氧气与乙炔的混合比大于1.2时燃烧所形成的火焰称为氧化焰，如图3-11(*c*)所示，整个火焰比中性焰短，其结构分为焰心和外焰两部分。火焰中有过量的氧，具有氧化作用，使熔池中的合金元素烧损，一般气焊时不宜采用。只有在气焊黄铜、镀锌钢板时才采用轻微氧化焰，以利用其氧化性，在熔池表面形成一层氧化物薄膜，减少低沸点锌的蒸发。氧化焰的最高温度为3100～3300℃。

2. 气焊工艺

(1) 点火、调节火焰与灭火

点火时，先微开氧气阀，再打开乙炔阀，随后点燃火焰。这时的火焰是碳化焰。然后，逐渐开大氧气阀，将碳化焰调整到所需的火焰。同时，按需要把火焰大小也调整合适。

灭火时，应先关乙炔阀，后关氧气阀，以防止火焰倒流和产生烟灰。

当发生回火时，应迅速关闭氧气阀，然后再关乙炔阀。

(2) 气焊操作

气焊时，一般用左手持填充焊丝，右手持焊炬。两手的动作要协调，沿焊缝向左或向右焊接。当焊接方向由右向左时，气焊火焰指向焊件未焊部分，焊炬跟着焊丝向前移动，称为左向焊法，适宜于焊接薄焊件和熔点较低的焊件；当焊接方向从左向右时，气焊火焰指向已经焊好的焊缝，焊炬在焊丝前面向前移动，称为右向焊法，适宜于焊接厚焊件和熔点较高的焊件。

操作时，应保证焊嘴轴线的投影与焊缝重合，同时要注意掌握好焊嘴与焊件的夹角 α（图 3-13）。焊件越厚，夹角越大。在焊接开始时，为了较快地加热焊件和迅速形成熔池，夹角应大些；正常焊接时，一般保持夹角在 30°～50°范围内；当焊接结束时，夹角应适当减小，以便更好地填满熔池和避免焊穿。

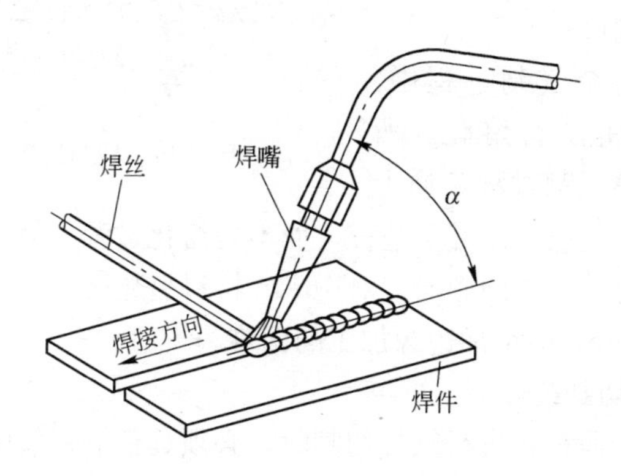

图 3-13　焊炬火焰（左向焊法）

焊炬向前移动的速度应能保证焊件熔化并保持熔池具有一定的大小。焊件局部熔化形成熔池后，再将焊丝适量地点入熔池内熔化。

（三）手 工 气 割

1. 切割原理

氧气切割（简称气割）是利用某些金属在纯氧中燃烧的原理来实现切割金属的方法，其过程如图 3-14 所示。

气割开始时，用气体火焰将割件待割处附近的金属预热到燃点，然后打开切割氧阀门，纯氧射流使高温金属燃烧，生成的金属氧化物被燃烧热熔化，并被氧流吹掉。金属燃烧产生的热量和预热火焰同时又把邻近的金属预热到燃点，沿切割线以一定速度移动割炬，即可形成割口。

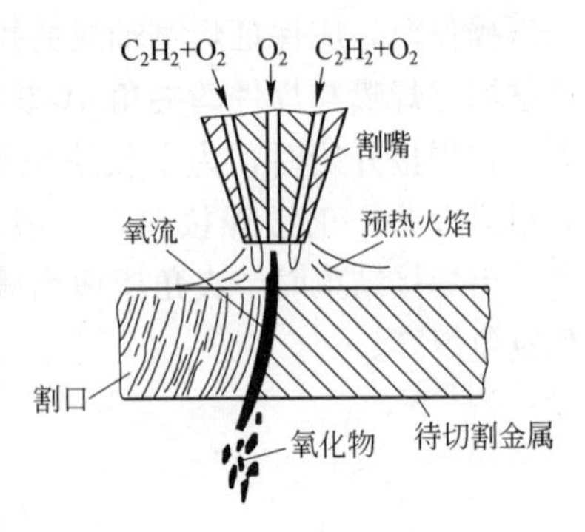

图 3-14 切割过程

在整个气割过程中，割件金属没有熔化。所以，金属气割过程实质上是金属在纯氧中的燃烧过程，而不是熔化过程。氧气切割会引起钢材产生淬硬倾向，对 16Mn 材料更显著。淬硬深度约 0.5～1mm，会增加边缘加工的困难。

2. 切割条件

对金属材料进行氧气切割时，必须具备下列条件：

(1) 金属的燃点必须低于其熔点才能保证金属在固体状态下燃烧，从而保证割口平整。若熔点低于其燃点，则金属首先熔化，液态金属流动性好，熔化边缘不整齐，难以获得平整的割口，而成为熔割状态。低碳钢的燃点大约为 1350℃，而熔点高于 1500℃，满足气割条件；碳钢随着含碳量增加，熔点降低，燃点升高。含碳量为 0.7%的碳钢，其燃点与熔点大致相同；含碳量大于 0.7%的碳钢，由于燃点高于熔点，难以气割。铸铁的燃点比熔点高，不能气割。

(2) 金属燃烧生成的氧化物(熔渣)的熔点应低于金属本身的熔点，且流动性好。若熔渣的熔点高，就会在切割表面形成固态氧化薄膜，阻碍氧与金属之间持续进行燃烧反应，导致气割过程不能正常进行。铝的熔点(660℃)低于 Al_2O_3

的熔点（2048℃），铬的熔点（1615℃）低于 Cr_2O_3 的熔点（2275℃），所以铝及其铝合金、高铬钢或铬镍钢都不具备气割条件。

（3）金属燃烧时能放出大量的热，而且金属本身的导热性要低。这样才能保证气割处的金属具有足够的预热温度，使气割过程能连续进行。铜、铝及其合金导热都很快，不能气割。

满足气割条件的金属材料有低碳钢、中碳钢、低合金结构钢和纯铁等。

3. 切割工艺

（1）气割工艺参数及其影响

气割工艺参数主要包括割炬型号和切割氧压力、气割速度、预热火焰能率、割嘴与工件间的倾斜角、割嘴离工件表面的距离等。

1）割炬型号和切割氧压力。被割件越厚，割炬型号、割嘴号码、氧气压力均应增大，氧气压力与割件厚度、割炬型号、割炬号码的关系详见表 3-1。

氧气压力与割件厚度、割炬型号、割嘴号码的关系　　表 3-1

割炬型号	G01-30			G01-100			G01-300			
割嘴号码	1	2	3	1	2	3	1	2	3	4
割嘴孔径（mm）	0.6	0.8	1.0	1.0	1.3	1.6	1.8	2.2	2.6	3.0
切割厚度范围（mm）	2～10	10～20	20～30	10～25	25～30	30～100	100～150	150～200	200～250	250～300
氧气压力（MPa）	0.2	0.25	0.30	0.2	0.35	0.5	0.5	O.65	0.8	1.0
乙炔压力（MPa）	0.001～0.1			0.001～0.1			0.001～0.1			
割嘴形式	环形			梅花形或环形			梅花形			
割炬总长	500			550			650			

当割件比较薄时，切割氧压力可适当降低，但切割氧的压力不能过低，也不能过高。若切割氧压力过高，则切割缝过宽，切割速度降低，不仅浪费氧气，而且会使切口表面粗糙，并对切割件产生强烈的冷却作用。若氧气压力过低，会使气割过程中的氧化反应减慢，切割的氧化物熔渣吹不掉，在割缝背面形成难以清除的熔渣粘结物，甚至不能将工件割穿。

除上述切割氧的压力对气割质量的影响外，氧气的纯度对氧气消耗量、切口质量和气割速度也有很大影响。氧气纯度低，会使金属氧化过程变慢、切割速度降低，同时氧的消耗量增加。图 3-15 为氧气纯度对气割时间和氧气消耗量的影响曲线，在氧气纯度为 97.5%～99.5%的范围内，氧气纯度每降低 1%时，气割 1m 长的割缝，气割时间将增加 10%～15%；氧气消耗量将增加 25%～35%。

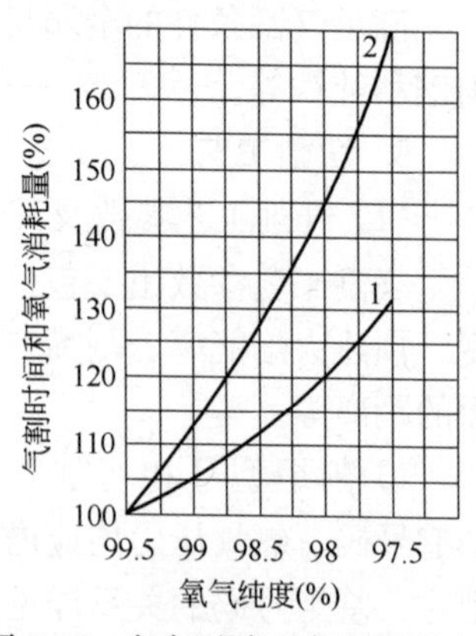

图 3-15　氧气纯度对气割时间和氧气消耗量的影响曲线

1—对气割时间的影响；

2—对氧气消耗量的影响

氧气中的杂质（如氮等）在切割过程中会吸收热量，并在切口表面形成气体薄膜，阻碍金属燃烧，从而使气割速度下降和氧气消耗量增加，并使切口表面粗糙。因此，气割用的氧气纯度应尽可能提高，一般要求在 99.5%以上。若氧气的纯度降至 95%以下，气割将很难进行。

2）气割速度。一般气割速度与工件的厚度和割嘴形式有关，工件愈厚，气割速度愈慢，相反，气割速度应较快。

气割速度由操作者根据割缝的后拖量自行掌握。后拖量是指在气割过程中，在切割面上的切割氧气流轨迹的始点与终点在水平方向上的距离，如图3-16所示。

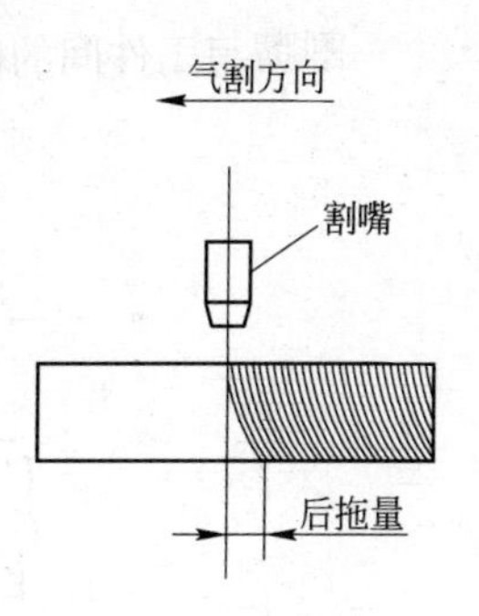

图 3-16 后拖量

在气割时，后拖量总是不可避免的，尤其气割厚板时更为显著。合适的气割速度应以切口产生的后拖量尽量小为原则。速度过慢，切口边缘不齐、局部熔化、割后清渣困难；速度过快，则易使后拖大，割口不光洁或割不透。

3）预热火焰能率。预热火焰的作用是将工件加热到金属在氧气中燃烧的温度，并始终保持这一温度，同时使金属表面的氧化皮剥离、熔化，便于切割氧与金属接触。

预热火焰应采用中性焰、轻微氧化焰，不能采用碳化焰。切割过程应随时调整预热火焰，防止火焰性质发生变化。预热火焰的能率大小与工件的厚度有关，工件愈厚，火焰能率应愈大。在气割厚板时，应使火焰能率增加。在气割薄板时，应降低火焰能率。

4）割嘴与工件间的倾角。割嘴倾角的大小主要根据工件的厚度来确定。割嘴倾角选择见表 3-2。

钢板厚度与割嘴倾角的关系　　表 3-2

钢板厚度(mm)	割 嘴 倾 角
＜4	后倾 25°～45°
4～20	后倾 20°～30°
20～30	垂直于工件
＞30	开始气割，前倾 20°～30°；割穿后，垂直于工件切割；快割完时，后倾 20°～30°

割嘴与工件间的倾角见图 3-17。

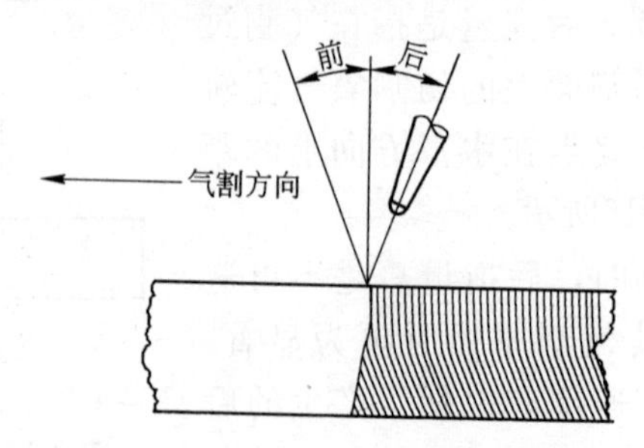

图 3-17　割嘴与工件间的倾角示意图

5）割嘴距工件表面的距离。火焰焰芯距离工件表面一般应为 3～5mm。这样既可以防止渗碳，加热条件也最好。一般而言，切割较薄的工件时，火焰可以长些，离开工件表面的距离可以大些；切割较厚的工件时，火焰应短些，离开工件表面的距离应小。

(2) 气割前的准备

去除工件表面的油污、油漆、氧化皮等妨碍切割的杂质。将工件垫平、垫高，距离水泥地面的距离应大于 100mm，设置防风挡板，防止被氧化物熔渣烫伤。

检查乙炔瓶、氧气瓶、回火防止器的工作状态是否正常，使用射吸式割炬前，应拔下乙炔橡皮管，检查割炬是否具有射吸力。没有射吸力的割炬严禁使用。

根据工件的厚度正确选择气割工艺参数、割炬和割嘴的号码。开始点火并调节好火焰性质(中性焰)及火焰长度。然后试开切割氧调节阀，观察切割氧气流(风线)的形状。切割氧气流应为笔直而清晰的圆柱体，并要有适当的长度。如果切割氧气流的形状不规则，应关闭所有阀门，用通针修整割嘴内表面，使之光滑。

(3) 抱切法

当切割前的准备工作做好、气割工艺参数确定后，即可点火切割。手工气割操作姿势因个人习惯不同。对于初学者可按基本的“抱切法”练习。即双脚成八字蹲在工件割线的后面，右臂靠住右膝盖，左臂空悬在两膝之间，保证移动割炬方便。右手握住割炬手柄，并用右手拇指和食指靠住把手下面的预热氧调节阀，以便随时调节预热火焰。当发生回火时能及时切断通向混合室的氧气。左手拇指和食指握住并开关切割氧调节阀，左手其余三指平稳的托住割炬混合室，以便掌握方向。切割方向一般是由右向左。上身不要弯得太低，呼吸要平稳，两眼要注视着切口前面的割线和割嘴。

(4) 手工气割操作技术

1) 起割。气割时，先稍微开启预热氧调节阀，再打开乙炔调节阀并立即点火。然后增大预热氧流量，氧气与乙炔混合后从割嘴喷气孔喷出，形成环形预热火焰，对工件进行预热。待起割处被预热至燃点时，立即开启切割氧调节阀，使金属在氧气流中燃烧，并且氧气流将切割处的熔渣吹掉，不断移动割炬，在工件上形成割缝。

开始切割工件时，先在工件边缘预热，待呈亮红色时(达到燃烧温度)，慢慢开启切割氧气调节阀。若看到铁水被氧气流吹掉时，再加大切割氧气流，待听到工件下面发出“噗、噗”的声音时，则说明已被割透。这时应按工件的厚度，灵活掌握气割速度。

2) 切割过程。在切割过程中割炬运行始终要均匀，割嘴离工件距离要保持不变(3～5mm)。手工气割时，可将割嘴沿气割方向后倾 20°～30°，以提高气割速度。气割速度对气割质量有较大影响。气割速度是否正常，可以从熔渣的流动方向来判断。当熔渣的流动方向基本上和工件表面相垂直时，说明气割速度正常；若熔渣成一定角度流出，即产生较大的后拖量，说明气割速度过快，如图 3-18 所示。

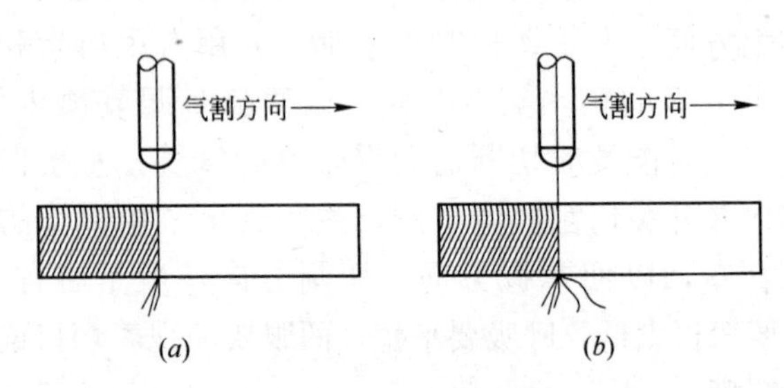

图 3-18 熔渣流动方向与气割速度的关系

(a)速度过快；(b)速度正常

当气割缝较长时，应在切割 300～500mm 后，移动操作位置。此时应先关闭切割氧调节阀，将割炬火焰离开工件后再移动身体位置。继续气割时，割嘴应对准割缝的切割处，并预热到燃点，再缓慢开启切割氧。

3）切割过程结束。切割近结束时，割嘴应向气割方向的后方倾斜一定角度，使钢板的下部提前割开，并注意余料的下落位置。气割完毕应迅速关闭切割氧调节阀，并将割炬抬高，再关闭乙炔调节阀，最后关闭预热氧调节阀。较长时间停止工作，应将氧气瓶阀关闭，松开减压器调节螺钉，将氧气皮管中的氧气放出。

4）回火、鸣爆的处理。回火和鸣爆产生的原因一般是割嘴过热和氧化物熔渣飞溅堵住割嘴所致。气割过程中发生鸣爆和回火时，应迅速关闭切割氧调节阀。若此时割炬内还在发出“嘘、嘘”声，说明割炬内的回火还没熄灭，这时应迅速将乙炔调节阀关闭，然后关闭预热氧调节阀。稍经几秒后，打开预热氧调节阀，将混合管内的碳粒和余焰吹尽。用剔刀剔除粘在割嘴上的熔渣，用通针通切割氧喷射孔及预热火焰的氧和乙炔的出气孔，并将割嘴放在水中冷却，然后重新点燃继续气割。

四、钢筋焊接

（一）手工电弧焊工艺

1. 手工钢筋电弧焊的分类

手工钢筋电弧焊常见的类型有帮条焊、搭接焊、熔槽帮条焊、坡口焊、窄间隙电弧焊、预埋件电弧焊等，其中帮条焊、搭接焊还可分为单面焊和双面焊两种。钢筋手工电弧焊焊接时，各种焊接方法的适用范围应符合表 4-1 的规定。

钢筋焊接方法与适用范围　　表 4-1

焊接方法		接头型式	适用范围	
			钢筋牌号	钢筋直径(mm)
帮条焊	双面焊		HPB235 HRB335 HRB400 RRB400	10～20 10～40 10～40 10～25
	单面焊		HPB235 HRB335 HRB400 RRB400	10～20 10～40 10～40 10～25
搭接焊	双面焊		HPB235 HRB335 HRB400 RRB400	10～20 10～40 10～40 10～25

续表

焊接方法		接头型式	适用范围	
			钢筋牌号	钢筋直径(mm)
	单面焊	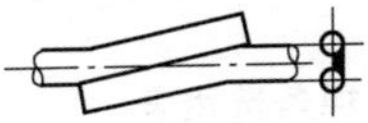	HPB235 HRB335 HRB400 RRB400	10～20 10～40 10～40 10～25
熔槽帮条焊		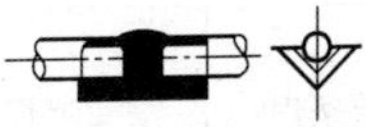	HPB235 HRB335 HRB400 RRB400	20 20～40 20～40 20～25
坡口焊	平焊		HPB235 HRB335 HRB400 RRB400	18～20 18～40 18～40 18～25
坡口焊	立焊	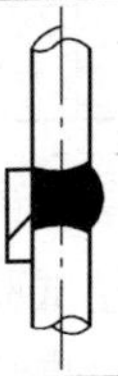	HPB235 HRB335 HRB400 RRB400	18～20 18～40 18～40 18～25
钢筋与钢板搭接焊		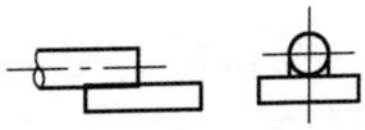	HPB235 HRB335 HRB400	8～20 8～40 8～40
窄间隙焊			HPB235 HRB335 HRB400	16～20 16～40 16～40
预埋件电弧焊	角焊	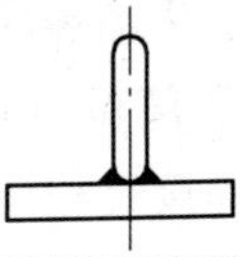	HPB235 HRB335 HRB400	8～20 6～25 6～25
预埋件电弧焊	穿孔塞焊	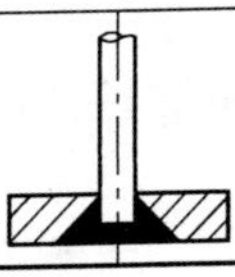	HPB235 HRB335 HRB400	20 20～25 20～25

电弧焊所采用的焊条，应符合现行国家标准《碳钢焊条》GB/T 5117—1995 或《低合金钢焊条》GB/T 5118—1995 的规定，其型号应根据设计确定；若设计无规定时，可按表 4-2 选用。

电弧焊焊条选用表 **表 4-2**

钢筋牌号	电弧焊接头形式			
	帮条焊 搭接焊	坡口焊 熔槽帮条焊 预埋件穿孔塞焊	窄间隙焊	钢筋与钢板搭接焊 预埋件 T 形角焊
HPB235	E4303	E4303	E4316 E4315	E4303
HRB335	E4303	E5003	E5016 E5015	E4303
HRB400	E5003	E5503	E6016 E6015	E5003
RRB400	E5003	E5503	—	—

在工程开工正式焊接之前，参与该项施焊的焊工应进行现场条件下的焊接工艺试验，并经试验合格后，方可正式生产。试验结果应符合质量检验与验收时的要求。

带肋钢筋进行闪光对焊、电弧焊、电渣压力焊和气压焊时，宜将纵肋对纵肋拼装和焊接。

2. 帮条焊、搭接焊

钢筋帮条焊、搭接焊应根据钢筋牌号、直径、接头型式和焊接位置，选择焊条、焊接工艺和焊接参数；焊接时，引弧应在垫板、帮条或形成焊缝的部位进行，不得烧伤主筋；焊接地线与钢筋应接触紧密；焊接过程中应及时清渣，焊缝表面应光滑，焊缝余高应平缓过渡，弧坑应填满。

钢筋帮条焊分为双面焊和单面焊，如图 4-1 所示。帮条长度应符合表 4-3 的规定。

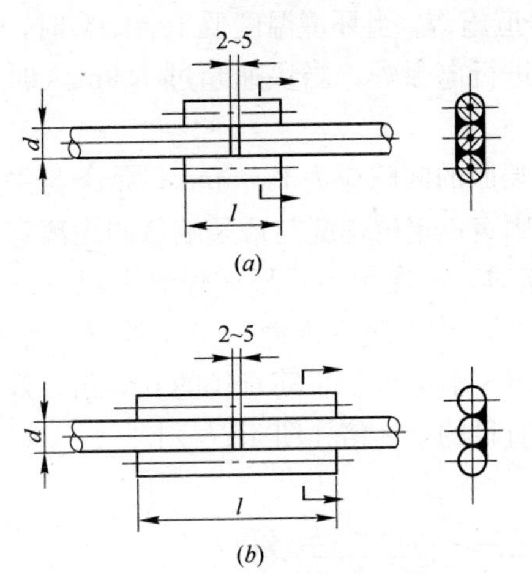

图 4-1 钢筋帮条焊接头

（a）双面焊；（b）单面焊；d—钢筋直径；l—帮条长度

钢筋帮条长度 表 4-3

钢筋牌号	焊缝型式	帮条长度 l
HPB235	单面焊	$\geqslant 8d$
	双面焊	$\geqslant 4d$
HRB335 HRB400 RRB400	单面焊	$\geqslant 10d$
	双面焊	$\geqslant 5d$

注：d 为主筋直径(mm)。

当帮条牌号与主筋相同时，帮条直径可与主筋相同或小一个规格。当帮条直径与主筋相同时，帮条牌号可与主筋相同或低一个牌号。

在环境温度低于－5℃条件下施焊，电弧焊时，宜增大焊接电流，减低焊接速度。电弧帮条焊或搭接焊时，第一层焊缝应从中间引弧，向两端施焊；以后各层控温施焊，层间温度控制在 150～350℃之间。多层施焊时，可采用回火焊道施焊。当环境温度低于－20℃时，不宜进行焊接。在现场进行电弧焊，当风速超过7.9m/s时，应采取挡风措施。

两主筋端面的间隙应为2～5mm；帮条与主筋之间应用四点定位焊固定；定位焊缝与帮条端部的距离宜大于或等于20mm；焊接时，应在帮条焊形成焊缝中引弧；在端头收弧前应填满弧坑，并应使主焊缝与定位焊缝的始端和终端熔合。焊缝厚度 s 不应小于主筋直径的0.3倍；焊缝宽度 b 不应小于主筋直径的0.8倍［图4-2(c)］。

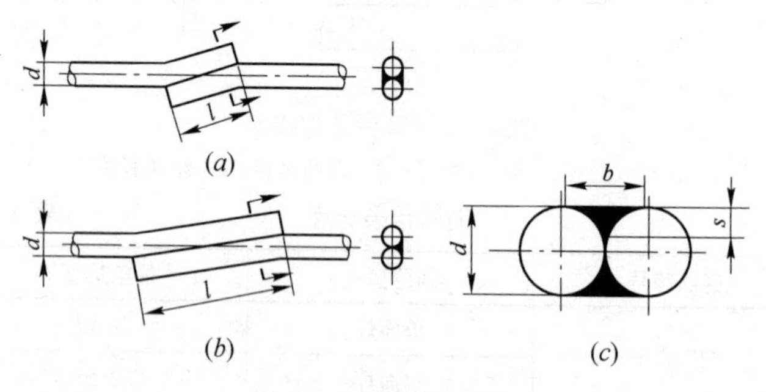

图4-2　钢筋搭接焊接

搭接焊时，宜采用双面焊［图4-2(a)］。当不能进行双面焊时，方可采用单面焊［图4-2(b)］。搭接长度可与表4-3帮条长度相同。搭接焊接头的焊缝厚度 s 不应小于主筋直径的0.3倍；焊缝宽度 b 不应小于主筋直径的0.8倍［图4-2(c)］。

搭接焊钢筋的装配和焊接应符合下列要求：焊接端钢筋应预弯，并应使两钢筋的轴线在同一直线上；搭接焊时，应用两点固定；定位焊缝与搭接端部的距离宜大于或等于20mm；焊接时，应在搭接焊形成焊缝中引弧；在端头收弧前应填满弧坑，并应使主焊缝与定位焊缝的始端和终端熔合。

3. 熔槽帮条焊

熔槽帮条焊适用于直径 20mm 及以上钢筋的现场安装焊接。焊接时应加角钢作垫板模。接头形式(图 4-3)、角钢尺寸和焊接工艺应符合下列要求：角钢宜为∟40～∟60 等边角钢；钢筋端头应加工平整；从接缝处垫板引弧后应连续施焊，并应使钢筋端部熔合，防止未焊透、气孔或夹渣；焊接过程中应至少停焊清渣 1 次，不可一次堆平焊道；焊平后，再进行焊缝余高的焊接，其高度不得大于 3mm；钢筋与角钢垫板之间，应加焊侧面焊缝 1～3 层，焊缝应饱满，表面应平整。

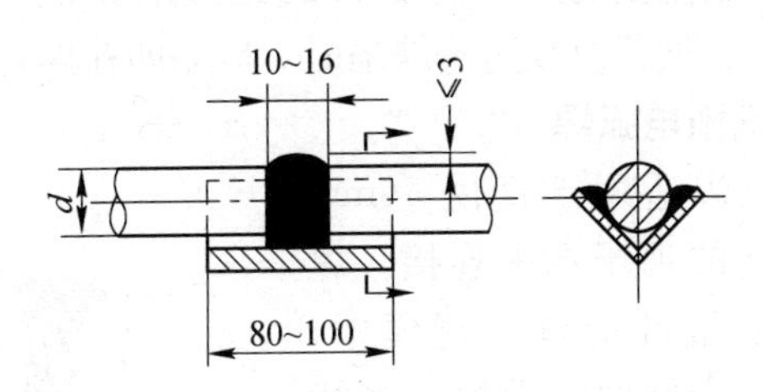

图 4-3　钢筋熔槽帮条焊接头

4. 坡口焊

坡口焊的准备工作和焊接工艺应符合下列要求：坡口面应平顺，切口边缘不得有裂纹、钝边和缺棱；坡口角度可按图 4-4 中数据选用；钢垫板厚度宜为 4～6mm ，长度宜为 40～60mm；平焊时，垫板宽度应为钢筋直径加 10mm ；立焊时，垫板宽度宜等于钢筋直径；焊缝的宽度应大于 V 型坡口的边缘 2～3mm ，焊缝余高不得大于 3mm ，并平缓过渡至钢筋表面；焊缝根部、坡口端面以及钢筋与钢板之间应融

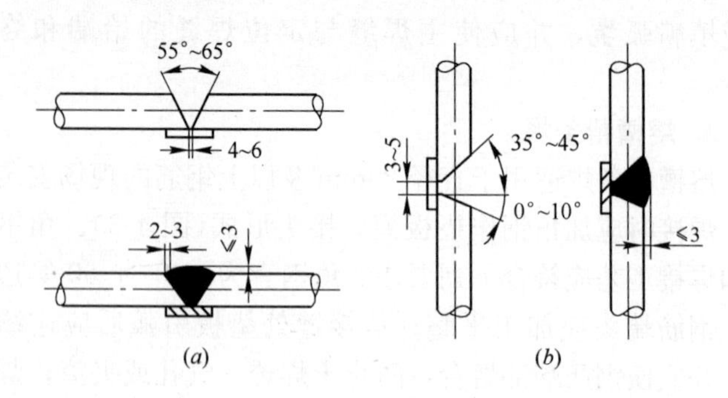

图 4-4 坡口焊
(a)平焊；(b)立焊

合，焊接过程中应经常清渣，宜采用几个接头轮流进行焊接。钢筋与钢垫板之间，应加焊二三层侧面焊缝；当发现接头中有弧坑、气孔及咬边等缺陷时，应立即补焊。

5. 窄间隙电弧焊

窄间隙焊适用于直径 16mm 及以上钢筋的现场水平连接。焊接时，钢筋端部应置于铜模中，并应留出一定间隙，用焊条连续焊接，熔化钢筋端面和使熔敷金属填充间隙，形成接头(图 4-5)；

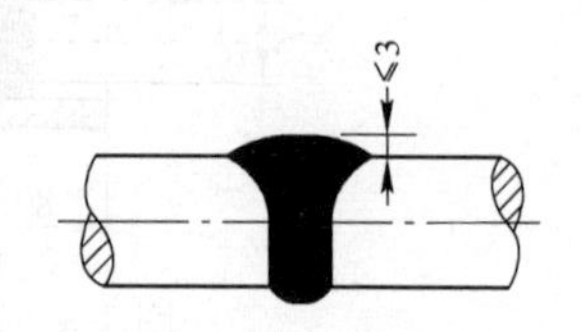

图 4-5 钢筋窄间隙焊接头

焊接工艺应符合下列要求：钢筋端面应平整；应选用低氢型碱性焊条，其型号选择应符合设计或技术交底的规定；端面间隙和焊接参数可按表 4-4 选用；从焊缝根部引弧后应连续进行焊接，左右来回运弧，在钢筋端面处电弧应少许停留，并使熔合；当焊至端面间隙的 4/5 高度后，焊缝逐渐扩宽；当熔池过大时，应改连续焊为断续焊，避免过热；焊缝余高不得大于 3mm，且应平缓过渡至钢筋表面。

窄间隙焊端间隙和焊接参数 **表 4-4**

钢筋直径(mm)	端面间隙(mm)	焊条直径(mm)	焊接电流(A)
16	9～11	3.2	100～110
18	9～11	3.2	100～110
20	10～12	3.2	100～110
22	10～12	3.2	100～110
25	12～14	4.0	150～160
28	12～14	4.0	150～160
32	14～14	4.0	150～160
36	13～15	5.0	220～230
40	13～15	5.0	220～230

6. 预埋件钢筋电弧焊 T 形接头

预埋件钢筋电弧焊 T 形接头可分为角焊和穿孔塞焊两种(图 4-6)。装配和焊接时，当采用 HPB235 钢筋时，角焊缝焊脚(k)不得小于钢筋直径的 0.5 倍；采用 HRB335 和 HRB400 钢筋时，焊脚(k)不得小于钢筋直径的 0.6 倍；焊接过程中，不得使钢筋咬边和烧伤。

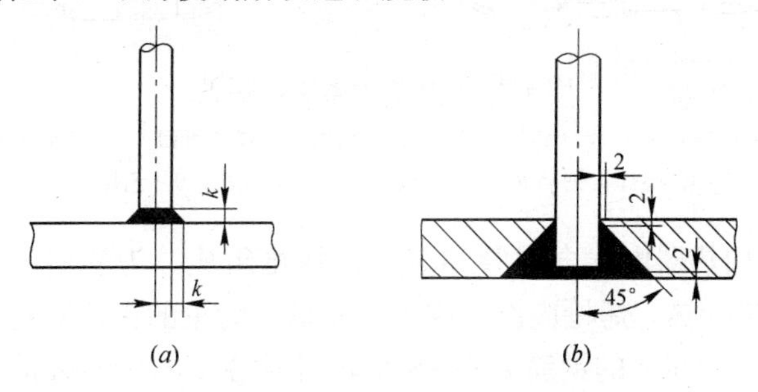

图 4-6 预埋件钢筋电弧焊 T 型接头

(a)角焊；(b)穿孔塞焊；k—焊脚

采用穿孔塞焊时，钢板的孔洞应加工成喇叭口，其内口直径应比钢筋直径大 4mm，倾斜角度为 45°，钢筋缩进 2mm。

（二）其他钢筋焊接方法

钢筋焊接除上述的手工电弧焊以外，还有气压焊、电渣压力焊和闪光对焊等方式。

1. 气压焊

钢筋气压焊的设备包括氧气瓶、乙炔瓶（液化石油气瓶）、加热器、加压器和钢筋卡具，见图 4-7 所示。钢筋气压焊接机系列有 GQH-Ⅱ与Ⅲ型等。

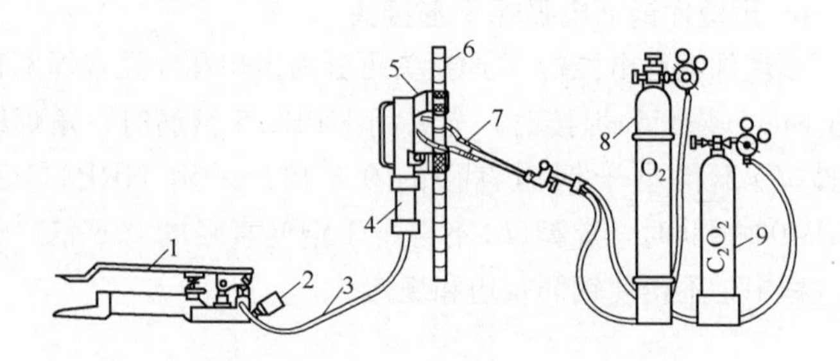

图 4-7 气压焊设备工作原理

1—脚踏液压泵；2—压力表；3—液压胶管；4—活动油缸；5—钢筋卡具；6—被焊接钢筋 7—多火口烤枪；8—氧气瓶；9—乙炔瓶

加热器由混合气管和多火口烤枪组成。为使钢筋接头能均匀受热，烤枪应设计成环状钳形。烤枪的火口数：对直径 16～22mm 的钢筋为 6～8 个，对直径 25～28mm 的钢筋为 8～10 个，对直径为 32～36mm 的钢筋为 10～12 个，对直径为 40mm 的钢筋为 12～14 个。

加压器由液压泵、压力表、液压胶管和活动油缸组成。液压泵有手动式、脚踏式和电动式。在钢筋气压焊接作业中，加压器作为压力源，通过钢筋卡具对钢筋施加 30N/mm^2 以上的压力。

钢筋卡具由可动卡子与固定卡子组成，用于卡紧、调整和压接钢筋用。钢筋卡具应能夹紧钢筋，当钢筋承受最大轴向压力时，钢筋与夹头之间不得产生相对滑移；应便于钢筋的安装定位，并在施焊过程中保持刚度；动夹头应与定夹头同心，并且当不同直径钢筋焊接时，亦应保持同心；动夹头的位移应大于或等于现场最大直径钢筋焊接时所需要的压缩长度。

气压焊可用于钢筋在垂直位置、水平位置或倾斜位置的对接焊接。当两钢筋直径不同时，只要两钢筋直径之差不大于 7mm，均可焊接。

气压焊按加热温度和工艺方法的不同，可分为熔态气压焊(开式)和固态气压焊(闭式)两种。

采用固态气压焊时，其焊接工艺应符合下列要求：

焊前钢筋端面应切平、打磨，使其露出金属光泽，钢筋安装夹牢，预压顶紧后，两钢筋端面局部间隙不得大于 3mm。

焊接的开始阶段，采用碳化焰，对准两根钢筋接缝处集中加热。此时须使内焰包围着钢筋缝隙，以防钢筋端面氧化。同时，须增大对钢筋的轴向压力至 30～40MPa。

当两根钢筋端面的缝隙完全闭合后，须将火焰调整为中性焰($O_2/C_2H_2=1\sim1.1$)以加快加热速度。此时操作焊炬，使火焰在以压焊面为中心两侧各一倍钢筋直径范围内均匀往复加热。钢筋端面的合适加热温度为 1150～1250℃左右。

在加热过程中，火焰因各种原因发生变化时，要注意及时调整，使之始终保持中性焰，同时如果在压接面缝隙完全密合之前发生焊炬回火中断现象，应停止施焊，拆除夹具，将两钢筋端面重新打磨、安装，然后再次点燃火焰进行焊接。如果焊炬回火中断发生在接缝完全密合之后，则可再次点燃火焰继续加热、加压完成焊接作业。

当钢筋加热到所需的温度时，操作加压器使夹具对钢筋再次施加至30～40MPa的轴向压力，使钢筋接头墩粗区形成合适的形状，然后可停止加热。

采用熔态气压焊时，其焊接工艺应符合下列要求：

安装前，两钢筋端面之间应预留3～5mm间隙；气压焊开始时，首先使用中性焰加热，待钢筋端头至熔化状态，附着物随熔滴流走，端部呈凸状时，即加压，挤出熔化金属，并密合牢固；使用氧液化石油气火焰进行熔态气压焊时，应适当增大氧气用量。

当钢筋接头处温度降低，即接头处红色大致消失后，可卸除压力，然后拆下夹具。

在加热过程中，当在钢筋端面缝隙完全密合之前发生灭火中断现象时，应将钢筋取下重新打磨、安装，然后点燃火焰进行焊接。当发生在钢筋端面缝隙完全密合之后，可继续加热加压。

在焊接生产中，焊工应自检，当发现焊接缺陷时，应查找原因和采取措施，及时消除。

2. 电渣压力焊

钢筋电渣压力焊是将两钢筋安放成竖向对接形式，利用焊接电流通过两钢筋间隙，在焊剂层下形成电弧过程和电渣过程，产生电弧热和电阻热，熔化钢筋，加压完成的一种压焊方法。

电渣压力焊适用于现浇钢筋混凝土结构中竖向或斜向(倾斜度在4∶1范围内)钢筋的连接，特别是对于高层建筑的柱、墙钢筋，应用尤为广泛。

(1) 工作原理

电渣压力焊的焊接过程包括四个阶段：引弧过程、电弧过程、电渣过程和顶压过程。

焊接开始时，首先在上、下两钢筋端面之间引燃电弧，使电弧周围焊剂熔化形成空穴；随之焊接电弧在两钢筋之间燃烧，电弧热将两钢筋端部熔化，熔化的金属形成熔池，熔融的焊剂形成熔渣(渣池)，覆盖于熔池之上，此时，随着电弧的燃烧，上、下两钢筋端部逐渐熔化，将上钢筋不断下送，以保持电弧的稳定，继续电弧过程；随电弧过程的延续，两钢筋端部熔化量增加，熔池和渣池加深，待达到一定深度时，加快上钢筋的下送速度，使其端部直接与渣池接触，这时，电弧熄灭而变电弧过程为电渣过程；待电渣过程产生的电阻热使上、下两钢筋的端部达到全截面均匀加热的时候，迅速将上钢筋向下顶压，挤出全部熔渣和液态金属，随即切断焊接电源，完成了焊接工作。

(2) 焊接设备

电渣压力焊的焊接设备包括焊接电源、控制箱、焊接机头和焊剂盒等。

电渣压力焊可采用交流或直流焊接电源，焊机容量应根据所焊钢筋的直径选定。由于电渣压力焊机的生产厂家很多，产品设计各有不相同，所以配用焊接电源的型号也不同，常用的多为弧焊电源(电弧焊机)，如BX3-500型、BX3-630型、BX3-750型、BX3-1000型等。

焊接机头应具有足够刚度，在最大允许荷载下应移动灵活，操作便利。焊接机头由立柱、传动机械、上、下夹钳、焊剂筒等组成，其上安装有监控器，即控制开关、次级电压表、时间显示器(蜂鸣器)等，焊接机头应具有足够的刚度，在最大允许荷载下应移动灵活，操作便利；焊剂筒的直径应与所焊钢筋直径相适应；监控器上的附件(如电压表、时间显示器等)应配备齐全。图 4-8 所示为丝杆传动式双柱焊接机头。

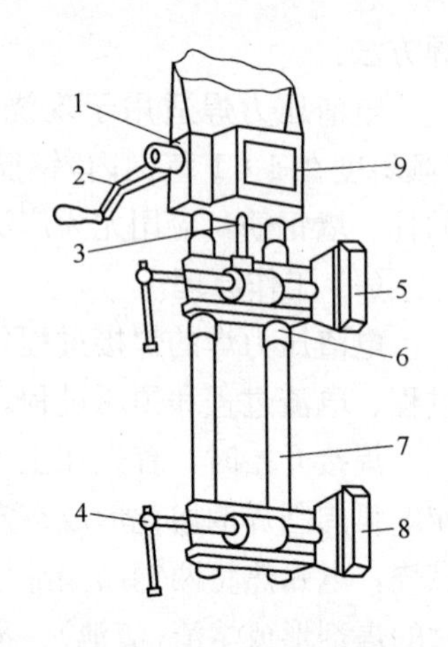

图 4-8 丝杆传动式双柱焊接机头
1—伞形齿轮箱；2—手柄；3—升降丝杆；4—夹紧装置；5—上夹头；6—导管；7—双导柱；8—下夹头；9—监控器

控制箱的主要作用是通过焊工操作，使弧焊电源的初级线接通或断开，控制箱正面板上装有初级电压表、电源开关、指示灯、信号电铃等，也可刻制焊接参数表，供操作人员参考。

(3) 焊剂

国产焊剂主要依据化学成分分类，其编号方法是在牌号前面加 HJ(焊剂)，如 HJ431。牌号后面的第一位数字表示氧化锰的平均含量，如“4”表示含 MnO＞30％；第二位数字表示二氧化硅、氟化钙的平均含量，如“3”表示高硅低氟型(SiO_2＞30％，CaF_2＜10％)；末位数字表示同类焊剂的不同序号。

施工中最常用的焊剂牌号为“HJ431”，它是高锰、高硅、低氟类型的，可交、直流两用，适合于焊接重要的低碳钢钢筋及普通低合金钢钢筋。

焊剂应存放在干燥的库房内。焊剂使用前，须经恒温250℃烘焙1～2小时；焊剂回收重复使用时，应除去熔渣和杂物，并应与新焊剂混合均匀后使用。如果焊剂受潮，尚须再烘焙。

（4）焊接参数

电渣压力焊焊接参数应包括焊接电流。焊接电压和通电时间，采用HJ431焊剂时，宜符合表4-5的规定。采用专用焊剂或自动电渣压力焊机时，应根据焊剂或焊机使用说明书中推荐数据，通过试验确定。不同直径钢筋焊接时，上下两钢筋轴线应在同一直线上。

电渣压力焊焊接参数　　表4-5

钢筋直径(mm)	焊接电流(A)	焊接电压(V)		焊接通电时间(s)	
		电弧过程 U_{1-2}	电渣过程 U_{2-2}	电弧过程 t_1	电渣过程 t_2
14	200～220	35～45	18～22	12	3
16	200～250			14	4
18	250～300			15	5
20	300～350			17	5
22	350～400			18	6
25	400～450			21	6
28	500～550			24	6
32	600～650			27	7

（5）操作要点

操作前应将钢筋待焊端部约150mm范围内的铁锈、杂物以及油污清除干净；要根据竖向钢筋接头的高度搭设必要的操作架子，确保工人扶直钢筋时操作方便，并防止钢筋在夹紧后晃动。钢筋卡具的上、下钳口应夹紧于上、下钢筋的适当位置，钢筋一经夹紧不得晃动。

焊前应检查电路，观察网路电压波动情况，如电源的电压降大于5%，则不宜施焊。

引弧可以采用铁丝圈或焊条引弧法，就是在两钢筋的间隙中预先安放一个引弧铁丝圈(高约10mm)或1根焊条芯(直径为3.2mm，高约10mm)，由于铁丝(焊条芯)细，电流密度大，便立即熔化、蒸发，原子电离而引弧；亦可采用直接引弧法，就是将上钢筋与下钢筋接触，接通焊接电源后，即将上钢筋提升2～4mm，引燃电弧。同时计算造渣通电时间。“电弧过程”工作电压控制在40～50V之间，通电时间约占整个焊接过程所需通电时间的3/4。“电渣过程”：随着造渣过程结束，即时转入“电渣过程”的同时计算电渣通电时间，并降低上钢筋，把上钢筋的端部插入渣池中，徐徐下送上钢筋，直至“电渣过程”结束。“电渣过程”工作电压控制在20～25V之间，电渣通电时间约占整个焊接过程所需时间的1/4。顶压钢筋，完成焊接：“电渣过程”延时完成，电渣过程结束，即切断电源，同时迅速顶压钢筋，形成焊接接头。

接头焊毕，应稍作停歇，先拆机头，待焊接接头保温一段时间后再拆焊剂盒；敲去渣壳后，四周焊包凸出钢筋表面的高度不得小于4mm。在焊接生产中焊工应进行自检，当发现偏心、弯折、烧伤等焊接缺陷时，应查找原因和采取措施，及时消除。

3. 闪光对焊

(1) 工作原理

钢筋对焊原理是将两钢筋成对接形式水平安置在对焊机夹钳中，使两钢筋接触，通以低电压的强电流，把电能转化为热能(电阻热)，当钢筋加热到一定程度后，即施加轴向压力挤压(称为顶锻)，便形成对焊接头。

钢筋闪光对焊过程如下：先将钢筋夹入对焊机的两电极中(钢筋与电极接触处应清除锈污，电极内应通入循环冷却水)，闭合电源，然后使钢筋两端面轻微接触。这时即有电流通过，由于接触轻微，钢筋端面不平，接触面很小，故电流密度和接触电阻很大，因此接触点很快熔化，形成“金属过梁”。过梁进一步加热，产生金属蒸气飞溅(火花般的熔化金属微粒自钢筋两端面的间隙中喷出，此称为烧化)，形成闪光现象，故称闪光对焊。通过烧化使钢筋端部温度升高到要求温度后，便快速将钢筋挤压(称顶锻)，然后断电，即形成对焊接头。

(2) 焊接设备

对焊机由机架、导向机构、动夹具、固定夹具、送进机构、夹紧机构、支座(顶座)、变压器、控制系统等几部分组成(图 4-9)。

对焊机的全部基本部件紧固在机架上，机架具有足够刚性，并且用强度很高的材料(铸铁、铸钢，或用型钢焊成)制作，故在顶锻时不会导致被焊钢筋产生弯曲；导轨是供动板移动时导向用的，有圆柱形、长方体形或平面形的多种。

送进机构的作用是使被焊钢筋同动夹具一起移动，并保证有必要的顶锻力；它使动板按所要求的移动曲线前进，并

图 4-9　UN1 系列对焊机

且在预热时能往返移动，在工作时没有振动和冲动。按送进机构的动力类型，有手动杠杆式、电动凸轮式、气动式以及气液压复合式等几种。

夹紧机构由两个夹具构成，一个是不动的，称为固定夹具，另一个是可移动的，称为动夹具。固定夹具直接安装在机架上，与焊接变压器次级线圈的一端相接(电气上与机架是绝缘的)的；动夹具安装在动板上，可随动板左右移动，在电气上与焊接变压器次级线圈的另一端相联接。常见的夹具型式有手动偏心轮夹紧、手动螺旋夹紧等，也有用气压式、液压式及气液压复合式等几种。

常用对焊机的技术数据见表 4-6。表中计量单位 L 是容积“升”。表中 UN2-150 型对焊机的动夹具传动方式是电动凸轮式，UN17-150-1 型的是气液压复合式，其余三种型号的是手动杠杆挤压弹簧。表中可焊钢筋最大直径的取值根据钢筋强度级别按相应栏中数的范围选用。

常用对焊机的技术数据　　表 4-6

项　　目		单　位	型　　号				
			UN1-50	UN1-75	UN1-100	UN2-150	UN17-150-1
额定容量		kV·A	50	75	100	150	150
负载持续率		%	25	20	20	20	50
初级电压		V	220/380	220/380	380	380	380
次级电压调节范围		V	2.9～5.0	3.52～7.04	4.5～7.6	4.05～8.10	3.8～7.6
次级电压调节级数		级	6	8	8	16	16
夹具夹紧力		kN	20	20	40	100	160
最大顶锻力		kN	30	30	40	65	80
夹具间最大距离		mm	80	80	80	100	90
动夹具间最大行程		mm	30	30	50	27	30
连续闪光焊时钢筋最大直径		mm	10～12	12～16	16～20	20～25	20～25
预热闪光焊时钢筋最大直径		mm	20～22	32～36	40	40	40
最多焊拉件数		件/h	50	75	20～30	80	120
冷却水消耗量		L/h	200	200	200	200	600
外形尺寸	长	mm	1520	1520	1800	2140	2300
	宽	mm	550	550	550	1360	1100
	高	mm	1080	1080	1150	1380	1820
重　量		kg	360	445	465	2500	1900

(3) 工艺参数

闪光对焊时，应选择合适的调伸长度、烧化留量、顶锻留量以及变压器级数等焊接参数。连续闪光焊时的留量应包括烧化留量，有电顶锻留量和无电顶锻留量；闪光-预热-闪光焊时的留量包括一次烧化留量、预热留量、二次烧化留量。有电顶锻留量和无电顶锻留量见图 4-10。

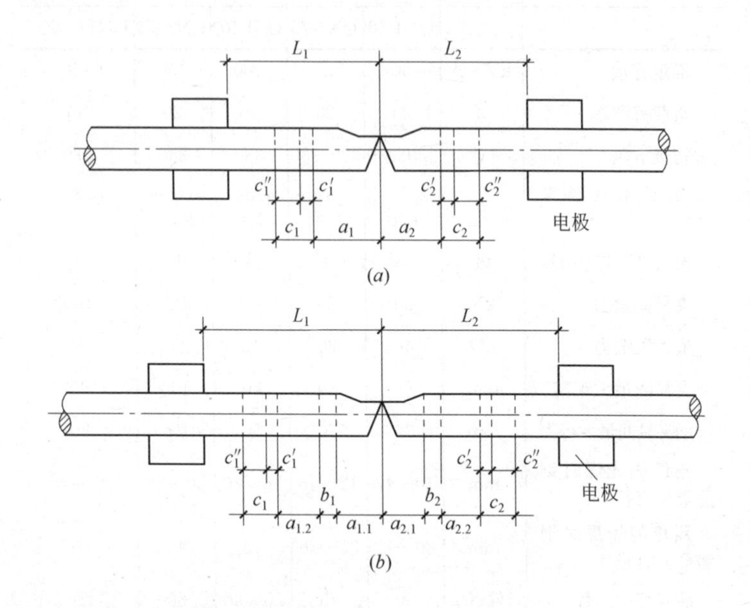

图 4-10 有电顶锻留量和无电顶锻留量

(a)连续闪光焊；(b)闪光-预热-闪光焊

L_1、L_2—调伸长度；a_1+a_2—烧化留量；c_1+c_2—顶锻留量；$c_1'+c_2'$—有电顶锻留量；$c_1''+c_2''$—无电顶锻留量；$a_{1.1}+a_{2.1}$—一次烧化留量；$a_{1.2}+a_{2.2}$—二次烧化留量；b_1+b_2—预热留量

调伸长度：指钢筋焊接前两个钢筋端部从电极钳口伸出的长度。

烧化留量：指钢筋在闪光过程中，由于“闪”出金属所消耗的钢筋长度。

预锻留量：指在闪光过程结束时，将钢筋顶锻压紧后接头处挤出金属而导致消耗的钢筋长度。

预热留量：预热过程所需耗用的钢筋长度。

闪光对焊应选择调伸长度、烧化留量、顶锻留量以及变压器级数等焊接参数。连续闪光焊的留量应包括烧化留量、有电顶锻留量和无电顶锻留量；闪光-预热闪光焊的留量应包括一次烧化留量、预热留量、二次烧化留量、有电顶锻留量和无电顶锻留量。

调伸长度的选择，应随着钢筋级别的提高和钢筋直径的加大而增长。当焊接Ⅲ级、Ⅳ级钢筋时，调伸长度宜在40～60mm范围内选用(若长度过小，向电极散热增加，加热区变窄，不利于塑性变形，顶锻时所需压力较大；当长度过大时，加热区变宽，若钢筋较细，容易发生弯曲)。

烧化留量的选择应根据焊接工艺方法确定。采用连续闪光焊接时，烧化过程应较长(以获得必要的加热)。烧化留量应等于两根钢筋在断料时切断机刀口严重压伤部分(包括端面的不平整度)，再加8mm。

采用闪光-预热-闪光焊时，应区分一次烧化留量和二次烧化留量。一次烧化留量等于两根钢筋在断料时切断机刀口严重压伤部分，二次烧化留量不应小于10mm。

采用预热闪光焊时，烧化留量不应小于10mm。

需要预热时，宜采用电阻预热法。预热留量应为1～2mm，预热次数应为1～4次；每次预热时间应为1.5～2秒，间歇时间就为3～4秒。

顶锻留量应为4～10mm，并应随钢筋直径的增大和钢筋级别的提高而增加(在顶锻留量中，有电顶锻留量约占三分之一)。

焊接Ⅳ级钢筋时，顶锻留量宜增大30%。

变压器级数应根据钢筋级别、直径、焊机容量以及焊接工艺方法等具体情况选择。

对余热处理钢筋（也属于Ⅲ级钢筋）进行闪光对焊时，与热轧钢筋比较，应减小调伸长度，提高焊接变压器级数，缩短加热时间，快速顶锻，以形成快热快冷条件，使热影响区长度控制在钢筋直径的0.6倍范围之内。

（4）操作要点

闪光对焊适用于钢筋的对接焊接，其焊接工艺按下列规定选择：

当钢筋直径较小，钢筋牌号较低，在表4-7的规定范围内，可采用“连续闪光焊”。将钢筋夹紧在对焊机的钳口上，接通电源后，使两钢筋端面局部接触，此时钢筋端面的接触点在高电流密度作用下迅速熔化、蒸发、爆破，呈高温粒状金属从焊口内高速飞溅出来；当旧的接触点爆破后，又形成新的接触点，这就出现连续不断爆破过程，钢筋金属连续不断送进（以一定送进速度适应其焊接过程的烧化速度）。钢筋经过一定时间的烧化，使其焊口达到所需要的温度，并使热量扩散到焊口两边，形成一定宽度的温度区，这时，以相当压力予以顶锻，将液态金属排挤在焊口之外，使钢筋焊合，并在焊口周围形成大量毛刺。由于热影响区较窄，故在接合面周围形成较小的凸起，焊接过程结束，两钢筋对接焊成的外形见图4-11。

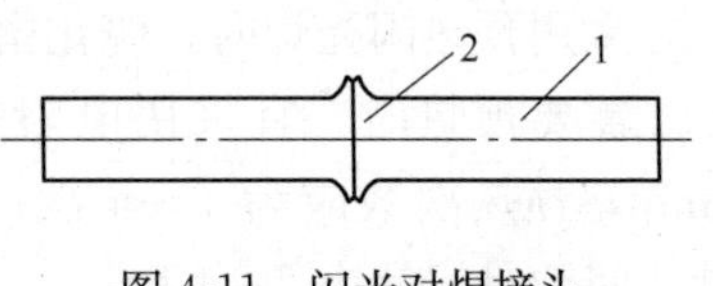

图4-11 闪光对焊接头

1—钢筋；2—接头

连续闪光焊所能焊接的钢筋上限直径，应根据焊机容量、钢筋牌号等情况而定，并应符合表4-7规定。

连续闪光焊的钢筋直径上限　　**表 4-7**

焊机容量(kV·A)	钢筋牌号	钢筋直径(mm)
160 (150)	HRB235 HRB335 HRB400 RRB400	20 22 20 20
100	HRB235 HRB335 HRB400 RRB400	20 18 16 16
80 (75)	HRB235 HRB335 HRB400 RRB400	16 14 12 12
40	HRB235 Q235 HRB335 HRB400 RRB400	10

当超过表 4-7 中规定，且钢筋端面较平整，宜采用“预热闪光焊”。在进行连续闪光焊之前，对钢筋增加预热过程。将钢筋夹紧在对焊机的钳口上，接通电源后，开始以较小的压力使钢筋端面接触，然后又离开，这样不断地离开又接触，每接触一次，由于接触电阻及钢筋内部电阻使焊接区加热，拉开时产生瞬时的闪光。经上述反复多次，接头温度逐渐升高，实现了预热过程。预热后接着进行闪光与顶锻，这两个过程与连续闪光焊一样。

采用 UN2-150 型或 UN17-150-1 型对焊机进行大直径钢筋焊接时，宜首先采取锯割或气割方式对钢筋端面进行平整处理；然后采用预热闪光焊工艺，要求闪光过程应强烈、稳定，顶锻凸块应垫高，应准确调整并严格控制各过程的起点和止点。

当超过表4-7中规定，且钢筋端面不平整，应采用“闪光-预热-闪光焊”。闪光-预热-闪光焊是在预热闪光之前再增加闪光过程，使不平整的钢筋端面“闪”成较平整的。

操作参数根据钢筋级别和钢筋直径以及焊机的性能各异。一般情况下，闪光速度应随钢筋直径增大而降低，并在整个闪光过程中要由慢到快，顶锻速度应愈快愈好，顶锻压力应随钢筋直径增大而增加，变压器级数要随钢筋直径增大而增高，但焊接时如火花过大并有强烈声响，应降低变压器级数。

要求被焊钢筋平直，经过除锈，安装钢筋于焊机上要放正、夹牢；夹紧钢筋时，应使两钢筋端面的凸出部分相接触，以利于均匀加热和保证焊缝(接头处)与钢筋轴线相垂直；烧化过程应该稳定、强烈，防止焊缝金属氧化；顶锻应在足够大的压力下完成，以保证焊口闭合良好和使接头处产生足够的镦粗变形。

RRB400钢筋闪光对焊时，与热轧钢筋比较，应减小调伸长度，提高焊接变压器级数，缩短加热时间，快速顶锻，形成快热快冷条件，使热影响区长度控制在钢筋直径的0.6倍范围之内。

HRB335钢筋焊接时，应采用预热闪光焊或闪光-预热闪光焊工艺。当接头拉伸试验结果发生脆性断裂，或弯曲试验不能达到规定要求时，尚应在焊机上进行焊后热处理。热处理工艺方法如下：

待接头冷却至常温，将电极钳口调至最大间距，重新夹紧。应采用最低的变压器级数，进行脉冲式通电加热，每次脉冲循环包括通电时间和间歇时间宜为3秒。焊后热处理温度应在750～850℃（桔红色）范围内选择，随后在环境温度下自然冷却。

当螺丝端杆与预应力钢筋对焊时，宜事先对螺丝端杆进行预热，并减小调伸长度；钢筋一侧的电极应垫高，确保两者轴线一致。

封闭环式箍筋采用闪光对焊时，钢筋断料宜采用无齿锯切割，断面应平整。当箍筋直径为12mm及以上时，宜采用UN1-75型对焊机和连续闪光焊工艺；当箍筋直径为6～10mm，可使用UN1-40型对焊机，并应选择较大变压器级数。

在闪光对焊生产中，当出现异常现象或焊接缺陷时，应查找原因，采取措施，及时消除。

五、焊件检验

凡是破坏焊接接头的完整性，改变正常的金相组织，降低使用性能的各种弊病，均称之为焊接缺陷。焊接缺陷主要分外观缺陷和内部缺陷两种。用眼睛或放大镜发现的焊缝表面缺陷叫外观缺陷，如焊缝尺寸不符合要求、咬边、弧坑、焊瘤、烧穿、下塌、未熔合、外部气孔、表面裂纹等。只能通过破坏和非破坏性手段才能发现残留于焊接接头内部的缺陷，如未焊透、未熔合、气孔、夹渣、裂纹、未熔合等。

（一）外观缺陷

1. 型钢材焊接外观缺陷

（1）焊缝外观尺寸不符合要求

主要表现焊缝过高、过低、过宽、过窄、焊缝高低不平、宽窄不齐等。外观尺寸不符合要求。对接焊缝的余高要求 0～3mm。

（2）咬边

由于操作方法或参数选择不当，在焊缝两侧与金属工件交界处形成的沟槽或凹坑叫咬边。咬边是一种危险性较大的外观缺陷。它不但减少焊缝的承压面积，而且在咬边根部往往形成较尖锐的缺口，造成应力集中，很容易形成应力腐蚀裂纹和应力集中裂纹。因此，对咬边有严格的限制，一级焊缝不允许出现咬边。二、三级焊缝的咬边有严格限制。

防止咬边的措施是电流大小要适当，运条要均匀，焊条角度要正确，焊速要适当。

(3) 弧坑

收头时熔池没有填满，或接头时没有接合好留在焊缝表面的凹坑。焊缝弧坑缺陷对焊接接头的强度和应力水平有不利的影响。

(4) 焊瘤

施焊时，由于根部间隙太大或焊接电流太大，流体金属下坠，形成非焊缝的多余瘤体叫焊瘤。焊瘤不仅影响了焊缝的外观，而且也掩盖了焊瘤处焊趾的质量情况，往往会在这个部位上出现未熔合缺陷。

(5) 内凹

内凹又叫凹陷，是背面焊缝下塌形成的一个圆滑的沟槽。

2. 钢筋焊接外观缺陷

(1) 手工电弧焊

电弧焊接头外观检查结果，应符合下列要求：焊缝表面应平整，不得有凹陷或焊瘤；焊接接头区域不得有肉眼可见的裂纹；咬边深度、气孔、夹渣等缺陷允许值及接头尺寸的允许偏差，应符合表5-1的规定；坡口焊、熔槽帮条焊和窄间隙焊接头的焊缝余高不得大于3mm。

手工电弧焊的允许偏差 **表5-1**

名称	单位	接头形式		
		帮条焊	搭接焊 钢板与钢筋搭接焊	坡口焊 窄间隙焊 熔槽帮条焊
帮条沿接头中心线的纵向偏移	mm	0.3d	—	—

续表

名称		单位	接头形式		
			帮条焊	搭接焊 钢板与钢筋搭接焊	坡口焊 窄间隙焊 熔槽帮条焊
接头处弯折角		°	3	3	3
接头处钢筋轴线的位移		mm	0.1d	0.1d	0.1d
焊缝厚度		mm	+0.05d 0	+0.05d 0	—
焊缝宽度		mm	+0.1d 0	+0.1d 0	—
焊缝长度		mm	−0.3d	−0.3d	—
横向咬边深度		mm	0.5	0.5	−0.5
在长2d焊缝表面上的气孔及夹渣	数量	mm	2	2	—
	面积	mm^2	6	6	—
在全部焊缝表面上的气孔及夹渣	数量	mm	—	—	2
	面积	mm^2	—	—	6

注：d 为钢筋直径。

(2) 气压焊

外观检查的方法主要是目视检查，必要时可采用游标卡尺或其他专用工具。外观检查项目包括以下内容：

压焊区钢筋偏心量。两钢筋轴线相对偏心量不得大于钢筋直径的0.15倍，同时不得大于4mm。当不同直径钢筋相焊接时，按小钢筋直径计算。当超过限量时，应切除重焊。

弯折角。焊接部位两钢筋轴线弯折角不得大于4°。当超过限量时，可重新加热矫正。

墩粗直径和长度。墩粗区的最大直径应不小于钢筋直径的1.4倍。墩粗区的长度应不小于钢筋直径的1.2倍，且凸起部分应平缓圆滑。当小于限量时，可重新加热加压墩粗、墩长。

压焊面偏移。墩粗区最大直径处应与压焊面重合，最大的偏移量不得大于钢筋直径的0.2倍。

裂纹及烧伤。两钢筋接头处不得有环向裂纹，否则，应切除重焊。墩粗区表面不得有严重烧伤。

(3) 电渣压力焊

外观检查项目包括以下内容：用小锤、放大镜、钢板尺和焊缝量规检查，逐个检查焊接接头。接头焊包均匀，不得有裂纹，钢筋表面无明显烧伤等缺陷。对外观检查不合格的接头，应将其切除重焊。

电渣压力焊的允许偏差：接头处钢筋轴线的偏移不得超过0.1倍直径，同时不得大于2mm。接头处弯折不得大于4°。

电渣压力焊常见问题及防治方法：

接头偏心和倾斜。主要原因是钢筋端部歪扭不直，在夹具中夹持不正或倾斜；焊后夹具过早放松，接头未冷却使上钢筋倾斜；夹具长期使用磨损，造成上下不同心。

咬边。主要发生于上钢筋。主要原因是焊接时电流太大，钢筋熔化过快；上钢筋，端头没有压入熔池中，或压入深度不够；停机太晚，通电时间过长。

未熔合。主要原因是在焊接过程中上钢筋提升过大成下送速度过慢、钢筋端部熔化不良或形成断弧；焊接电流过小或通电时间不够，使钢筋端部未能得到适宜的熔化量；焊接过程中设备发生故障，上钢筋卡住，未能及时压下。

焊包不匀。焊包有两种情况，一种是被挤出的熔化金属形成的焊包很不均匀，一边大一边小，小的一面其高不足2mm；另一种是钢筋端面形成的焊缝厚薄不均。主要原因是钢筋端头倾斜过大而熔化量又不足，顶压时熔化金属在接头四周分布不匀或采用铁丝球引弧时，铁丝球安放不正，偏向一边。

气孔。主要原因是焊剂受潮，焊接过程中产生大量气体渗入溶池，钢筋锈蚀严重或表面不清洁。

钢筋表面烧伤。主要原因是钢筋端部锈蚀严重，焊前未除锈；夹具电极不干净；钢筋未夹紧，顶压时发生滑移。

夹渣。主要原因是通电时间短，上钢筋在熔化过程中还未形成凸面即行顶压，熔渣无法排出；焊接电流过大或过小；焊剂熔化后形成的熔渣黏度大，不易流动；顶压力太小，上钢筋在熔化过程气体渗入溶池，钢筋锈蚀严重或表面不清洁。

成型不良。主要原因是焊接电流大，通电时间短，上钢筋熔化较多，如顶压时用力过大，上钢筋端头压入熔池较多，挤出的熔化金属容易上翻；焊接过程中焊剂泄漏，熔化铁水失去约束，随焊剂泄漏下流。

(4) 闪光对焊

钢筋对焊完毕，应对全部焊接进行外观检查，其要求是：接头处弯折不大于4°；接头具有适当的镦粗和均匀的金属毛刺；钢筋横向没有裂缝和烧伤；接头轴线位移不大于0.1d，且不大于2mm。

对焊常见焊接缺陷的原因及防治办法如下：

焊点过烧。产生原因：变压器级数过高，通电时间过长，上下电极不对中，继电器接触失灵。防治办法：降低变压器级数，缩短通电时间，切断电源，校正电源，调节间隙，清理接触点。

焊点脱落。产生原因：电流过小，压力不够，压入深度不够，通电时间过短。防止办法：提高变压器级数，加大弹簧压力或调大气压，调整两电极间的距离符合压入深度，延长通电时间。

表面烧伤。产生原因：钢筋和电极接触表面太脏，焊接时没有预压过程或预压力过小，电流过大。防治办法：清刷电极与钢筋表面的铁锈和油污，保证预压过程和适当的预压压力，降低变压器级数。

（二）内部缺陷

1. 型钢材焊接内部缺陷

（1）未焊透

未焊透是指焊接时接头根部未熔透的现象。原因主要有参数不当、电流小、坡口不合适。

（2）未熔合

焊缝的层与层之间或焊缝与母材之间，存在有未熔合为一体的现象叫未熔合。产生此缺陷的原因主要有电流太小，速度太快，焊条偏心，运条方法不当，热输入不够，层间清理不够。

未熔合和未焊透等缺陷的端部和缺口是应力集中的地方，在交变载荷作用下很可能生成裂纹。

（3）裂缝

在焊缝接头上出现细小的呈纹状的裂口叫裂纹。裂纹又分热裂纹和冷裂纹两种。

热裂纹是指在焊接过程中，焊缝和热影区金属冷却到固相线附近的高温区产生的焊接裂纹。热裂纹可通过合理的选用焊接材料，控制母材金属的硫、磷等含量来预防。

冷裂纹是指焊接接头冷却至较低温度下产生的焊接裂纹。由于应力作用下经过一段时间(几小时，几天，甚至更长的时间)才发生，因此又叫延迟裂纹。

裂纹是最尖锐的一种缺口，它的缺口根部曲率半径接近于零。尖锐根部有明显的应力集中，当应力水平超过尖锐根部的强度极限时，裂纹就会扩展，以至贯穿整个截面而造成工件失效。特别是当焊接接头处于脆性状态时，裂纹的扩展速度极快，造成脆性破裂事故。裂纹还会加剧疲劳破坏和应力腐蚀破坏。

防止冷裂纹应采取以下措施：减少氢的来源；合理选用焊接参数，以降低钢的淬硬程度，有利于氢的逸出和改善应力状态；采取消氢处理和焊后热处理；改善结构设计，降低焊接接头的拘束应力。

(4) 气孔

液体金属在凝固过程中，未来得及脱出的气体残留在焊缝中而形成的空隙叫气孔。产生此缺陷的原因主要有焊条受潮，焊件清理不干净，电弧磁偏吹，焊接参数不合理。气孔缺陷的危害性主要表现为降低焊接接头的承载能力。如果气孔穿透焊缝表面，介质积存在孔穴内，当介质有腐蚀性时，将形成集中腐蚀，孔穴逐渐变深、变大，以至腐蚀穿孔而泄漏。

防止产生气孔的措施是：不得使用药皮开裂、剥落、变质、偏心或焊芯锈蚀的焊条；各种类型的焊条或焊剂都应按规定的温度和保温时间进行烘干；焊接坡口及其两侧应清理干净；正确地选择焊接工艺参数；碱性焊条施焊时，应短弧操作。

(5) 夹渣

液态金属中的渣物未能及时排除而残留于焊缝中的非金属夹渣物叫夹渣。夹渣的危害性主要表现为降低焊接接头的承载能力。夹渣边缘如果有尖锐形状，会在该处形成应力集中。

防止产生夹渣的主要措施有：彻底清除渣壳和坡口边缘的氧化皮及多层焊道间的焊渣；正确运条，有规律地搅动熔池，促使熔渣与铁水分离；适当减慢焊接速度，增加焊接电流，以改善熔渣浮出条件；选择适宜的坡口角度；调整焊条药皮或焊剂的化学成分，降低熔渣的熔点。

2. 钢筋焊接内部缺陷

由于钢筋焊接单件焊缝较少，焊接的件数比较多，因此对于内部缺陷的检查，与型钢结构有很大不同，钢筋焊接中基本上不采用内部探伤方法，仅按一定的抽样规则抽取一定数量的试件进行力学检验，以此结果作为钢筋焊接质量的评定标准。详见钢筋焊接检验。

（三）检 验 方 法

1. 型钢材焊接检验概述

用各种手段检查焊接质量优劣的过程叫焊缝质量检验。焊接质量检验从概念来讲，包括检查、试验和检验三种。

检查是用目视或放大镜判断出焊接缺陷，确定其形状性质和尺寸；检验是通过仪器、仪表等设备找出非外观的、不能以目视或放大镜找出的各类缺陷；而试验则是通过某些手段或机器取得某些数字依据(有的可不取数据)，以反映焊接质量及承载能力，该三种方式统称为检验。焊接质量检验大体上分为非破坏性检验和破坏性检验两种。

(1) 非破坏性检验

非破坏性检验是被焊工件在不被破坏的前提下进行检验的一种方法，其内容包括外观检查、致密性试验、无损检验。

外观检查是指用肉眼或低倍(一般为10X及以下)放大镜对焊缝的表面及根部进行质量检查的一种方式、检查项目有：焊缝的外形尺寸，包括焊缝的高低、宽窄以及焊缝的平整，焊缝根部有无未焊透、焊瘤、凹陷、咬口、外露气孔等缺陷，焊缝有无错边、弯折。

管道或容器的致密性试验有渗透试验、水压试验等，水压试验除检查焊缝有无泄漏除外，还检查其整体的强度大小。

无损检验是利用各种仪器、仪表对焊缝质量进行检查或暴露焊缝内部缺陷的一种方法。如渗透探伤(着色探伤、荧光探伤)、磁粉探伤、X射线探伤、γ射线探伤和超声波探伤等。

(2) 破坏性试验

所谓破坏性试验就是直接割取工程产品焊缝，将其加工成各种标准试样，再进行不同性质的试验，以取得必要的数据资料。主要有断口检查、钻孔检查、机械性能试验。

断口检查又叫破碎检查，即将焊样上除截取其他标准试样外的剩余部分打断，检查焊缝断面上有无缺陷。

钻孔检查是在焊缝或近焊缝区，利用机械方法钻一深孔，以检查焊缝的裂纹走向和深度。

机械性能试验主要检验焊接接头对机械外力的抵抗能力，并取得试验数据。如抗拉极限强度、屈服强度、延伸率、断面收缩率、冷弯角度、冲击韧性、压扁试验以及硬度等。

2. 钢筋焊接检验

(1) 手工电弧焊

在现浇混凝土结构中，应以 300 个同牌号钢筋、同型式接头作为一批；在房屋结构中，应以不超过两楼层中 300 个同牌号钢筋、同型式接头作为一批。每批随机切取 3 个接头，做拉伸试验。

在装配式结构中，可按生产条件制作模拟试件，每批 3 个，做拉伸试验。

钢筋与钢板电弧搭接焊接头可只进行外观检查。

(2) 气压焊

在同一楼层中以 200 个接头为一批(几种不同直径的焊接接头，可组成一批)，随机切取 3 个接头作拉伸试验。根据工程需要以及操作情况，也可另切除 3 个接头作弯曲试验。

拉伸试验。每批三个试件的抗拉强度均不得低于该级别钢筋规定的抗拉强度值，三个试件均断于压焊面之外并呈塑性断裂。若有一个试件不符合要求时，应再切除 6 个接头进行复验，复验结果若还有一个接头不符合要求，则该批接头判定为不合格品。

弯曲试验。弯曲试验时，试件受压面的凸起部分应除去，将钢筋压焊面置于弯曲中心点。弯至 90 度时，试件不得在压焊面发生破断。若有一个试件不符合要求，应再取 6 个接头进行复验，复验结果若仍有一个接头不符合要求，则该批接头判定为不合格品。

（3）电渣压力焊

在进行钢筋焊接接头的强度检验时，从每批成品中切取三个试件进行拉伸试验。在一般构筑物中，每300个同类型接头（同钢筋级别、同钢筋直径）作为一批。在现浇钢筋混凝土框架结构中，每一楼层中以300个同类接头作为一批；不足300个时，仍作为一批。焊接头的拉伸试验结果，三个试件均不得低于该级别钢筋规定的抗拉强度值。若有一个试件的抗拉强度低于规定数值，应取双倍数量的试件进行复验；复验结果，若仍有一个试件的强度达不到上述要求，该批接头即为不合格品。

（4）闪光对焊

在同一台班内，同一焊工完成的300个同牌号、同直径接头为一批，不足300个接头也按一批计算。每批取6个试件，3个作抗拉试件、3个作冷弯试验。

三个试件抗拉强度值不得低于该级别钢筋的抗拉强度。

冷弯试验（包括正弯和反弯试验）弯曲时接头位置应处于弯曲中心处，冷弯按规定角度进行，当弯至90°时，至少有2个试件不得发生破断。

六、劳动保护和安全

（一）与焊接有关的电工常识

作为焊接工人，经常要和电打交道，了解部分用电常识非常重要。下面就电线的颜色标记、漏电保护常识、防雷常识作简要介绍。

1. 电线的颜色标记

根据国家规范规定：380V三相电源分为A相、B相、C相、零线、接地线。色标为：A相为黄色；B相为绿色；C相为红色；零线为淡蓝色(或蓝色)；接地线为黄绿双色。

2. 漏电保护常识

选用漏电保护装置，对于电焊机，应考虑保护器的正常工作不受电焊的短时冲击电流、电流急剧的变化、电源电压的波动的影响。对高频焊机，保护器还应有良好的抗电磁干扰性能。

电焊机要设单独的开关箱，开关箱应有防雨措施，拉合时应戴手套侧向操作。电焊机外壳，必须接地良好，其电源的装拆应由电工进行。

电焊机的一次线长度不得超过5m，二次线不得超过30m，一、二次线接线柱与外壳绝缘良好，设有防护罩，并装设二次空载降压保护器或触电保护器。焊钳与把线必须绝缘良好连接牢固，更换焊条应戴手套；在潮湿地点作业时，应站在绝缘胶板或木板上。

严禁利用厂房的金属结构、管道、轨道或其他金属搭接起来作为导线使用。焊把线、地线禁止用钢丝绳或机电设备代替零线，所有地线接头，必须连接牢固。更换场地移动把线时，应切断电源，并不得手持把线爬梯登高。

工作结束应切断焊机电源，并检查操作地点，确认无起火危险后方可离开。

3. 防雷常识

雷电时，应停止露天焊接作业。当雷电发生时，关闭设备，拔掉电源插头。以防雷电从电源线入侵。打雷时不要开窗户，不要把头或手伸出户外，更不要用手触摸窗户的金属架。雷电交加时，勿打手机或有线电话，应在雷电过后再拨打。若有人遭到雷击，停止呼吸时，应及时进行人工呼吸和外部心脏按摩，并迅速送往医院进行救治。

（二）劳 动 保 护

1. 焊接施工的防护

作业人员在观察电弧时，必须使用带有滤光镜的头罩或手持面罩，面罩及护目镜必须符合 GB/T 3609.1 的要求。

焊接人员必须穿焊工专用防护服、防护鞋、焊帽、焊工防护手套，防护服应根据具体的焊接和切割操作特点选择。防护服必须符合 GB 15701—1995 的要求，并可以提供足够的保护面积。

2. 场地设备及工具、夹具的安全检查

(1) 场地安全

焊接和切割区域有必要的警告标志。为了防止作业人员或邻近区域的其他人员受到焊接及切割电弧的辐射及飞溅伤害，应用不可燃或耐火屏板(或屏罩)加以隔离保护。

焊接设备、焊机、切割机具、钢瓶、电缆及其他器具必须放置稳妥并保持良好的秩序，使之不会对附近的作业或过往人员构成妨碍。

在进行焊接及切割操作的地方必须配置足够的灭火设备，至少应配备灭火器。其配置取决于现场易燃物品的性质和数量，可以是水池、沙箱、水龙带、消防栓或手提灭火器。

(2) 气焊及切割安全

所有与乙炔相接触的部件(包括：仪表、管路、附件等)不得由铜、银以及铜(或银)含量超过70%的合金制成。

氧气瓶、气瓶阀、接头、减压器、软管及设备必须与油、润滑脂及其他可燃物或爆炸物相隔离。严禁用沾有油污的手或带有油迹的手套、扳手去触碰氧气瓶或氧气设备。

检验气路连接处密封性时，严禁使用明火。严禁用氧气代替压缩空气使用。氧气严禁用于气动工具、油预热炉、启动内燃机、吹通管路、衣服及工件的除尘，为通风而加压或类似的应用。氧气喷流严禁喷至带油的表面、带油脂的衣服或进入燃油或其他贮罐内。

用于氧气的气瓶、设备、管线或仪器严禁用于其他气体。未经许可，禁止装设可能使空气或氧气与可燃气体在燃烧前(不包括燃烧室或焊炬内)相混合的装置或附件。

使用焊炬、割炬时，必须遵守制造商关于焊、割炬点火、调节及熄火的程序规定。点火之前，操作者应检查焊、割炬的气路是否通畅、射吸能力、气密性等等。

禁止使用泄漏、烧坏、磨损、老化或有其他缺陷的软管。减压器使用前应检验合格，且只能用于设计规定的气体及压力。减压器的连接螺纹及接头必须保证减压器安在气瓶阀或软管上之后连接良好、无任何泄漏。减压器在气瓶上应安装合理、牢固。采用螺纹连接时，应拧足五个螺扣以上；采用专门的夹具压紧时，装卡应平整牢固。从气瓶上拆卸减压器之前，必须将气瓶阀关闭并将减压器内的剩余气体释放干净。

减压器修理必须由持证上岗的专业人员完成。

使用中的气瓶必须进行定期检查，使用期满或送检未合格的气瓶禁止继续使用。

气瓶必须储存在不会遭受物理损坏或使气瓶内储存物的温度超过40℃的地方，在储存时必须与可燃物、易燃液体隔离，并且远离容易引燃的材料至少6m以上。

气瓶在使用时必须稳固竖立或装在专用车(架)或固定装置上，距离实际焊接或切割作业点足够远(一般为5m以上)。

搬运气瓶时，应关紧气瓶阀，而且不得提拉气瓶上的阀门保护帽；用吊车、起重机运送气瓶时，应使用吊架或合适的台架，不得使用吊钩、钢索或电磁吸盘。避免可能损伤瓶体、瓶阀或安全装置的剧烈碰撞。

气瓶应配置手轮或专用搬手启闭瓶阀。气瓶在使用后不得放空，必须留有不小于98～196kPa表压的余气。当气瓶冻住时，不得在阀门或阀门保护帽下面用撬杠撬动气瓶松动。应使用40℃以下的温水解冻。

将减压器接到气瓶阀门之前，阀门出口处首先必须用无油污的清洁布擦拭干净，然后快速打开阀门并立即关闭以便清除阀门上的灰尘或可能进入减压器的脏物。清理阀门时操作者应站在排出口的侧面，不得站在其前面。

减压器安在氧气瓶上之后，必须进行以下操作：首先调节螺杆并打开顺流管路，排放减压器的气体。其次，调节螺杆并缓慢打开气瓶阀，以便在打开阀门前使减压器气瓶压力表的指针始终慢慢地向上移动。打开气瓶阀时，应站在瓶阀气体排出方向的侧面而不要站在其前面。最后，当压力表指针达到最高值后，阀门必须完全打开以防气体沿阀杆泄漏。

开启乙炔气瓶的瓶阀时应缓慢，严禁开至超过一圈，一般只开至3/4圈以内以便在紧急情况下迅速关闭气瓶。

配有手轮的气瓶阀门不得用榔头或扳手开启。未配有手轮的气瓶，使用过程中必须在阀柄上备有把手、手柄或专用扳手，以便在紧急情况下可以迅速关闭气路。在多个气瓶组装使用时，至少要备有一把这样的扳手以备急用。使用结束后，气瓶阀必须关紧。

如果发现燃气气瓶的瓶阀周围有泄漏，应关闭气瓶阀拧紧密封螺帽。当气瓶泄漏无法阻止时，应将燃气瓶移至室外，远离所有起火源，并作相应的警告通知，缓缓打开气瓶阀，逐渐释放内存的气体。

气瓶泄漏导致的起火可通过关闭瓶阀，采用水、湿布、灭火器等手段予以熄灭。在气瓶起火无法通过上述手段熄灭的情况下，必须将该区域人员疏散，并用大量水流浇湿气瓶，使其保持冷却。

3. 电弧焊安全操作规程

(1) 弧焊设备的安装必须满足的要求

设备的工作环境与其技术说明书规定相符，安放在通风、干燥、无碰撞或无剧烈震动、无高温、无易燃品存在的地方。在特殊环境条件下(如：室外的雨雪中，温度、湿度、气压超出正常范围或具有腐蚀、爆炸危险的环境)，必须对设备采取特殊的防护措施以保证其正常的工作性能。当特殊工艺需要高于规定的空载电压值时，必须对设备提供相应的安全防护装置(如：采用空载自动断电保护装置)或其他措施。弧焊设备外露的带电部分必须设置完好的保护，以防人员或金属物体(如：货车、起重机吊钩等)与之相接触。

(2) 接地

焊机必须以正确的方法接地(或接零)。接地(或接零)装置必须连接良好，永久性的接地(或接零)应做定期检查。禁止使用氧气、乙炔等易燃易爆气体管道作为接地装置。

在有接地(或接零)装置的焊件上进行弧焊操作，或焊接与大地密切连接的焊件(如：管道、房屋的金属支架等)时，应特别注意避免焊机和工件的双重接地。

(3) 焊接回路

构成焊接回路的焊接电缆必须适合于焊接的实际操作条件，构成焊接回路的电缆外皮必须完整、绝缘良好(绝缘电阻大于1 MΩ)。用于高频、高压振荡器设备的电缆，必须具有相应的绝缘性能。

焊机的电缆应使用整根导线，不带连接接头。构成焊接回路的电缆禁止搭在气瓶等易燃品上，禁止与油脂等易燃物质接触。在经过通道、马路时，必须采取保护措施(如：使用保护套)。

不能借用导电的物体(如：管道、轨道、金属支架、暖气设备等)做焊接回路。

(4) 连线的检查

完成焊机的接线之后，在开始操作设备之前必须检查一下每个安装的接头以确认其连接良好。其内容包括：线路连接正确合理，接地必须符合规定要求；磁性工件夹爪在其接触面上不得有附着的金属颗粒及飞溅物；盘卷的焊接电缆在使用之前应展开，以免过热及绝缘损坏。

(5) 焊接过程中的安全注意

当焊接工作中止时(如：工间休息)，必须关闭设备或焊机的输出端或者切断电源。需要移动焊机时，必须首先切断其输入端的电源。

金属焊条在不用时必须从焊钳上取下以消除人员或导电物体的触电危险。焊钳在不使用时必须置于与人员、导电体、易燃物体或压缩空气瓶接触不到的地方。半自动焊机的焊枪在不使用时亦必须妥善放置，以免使枪体开关意外启动。

进行电弧焊接或切割时，操作人员必须注意遵守下述原则：

禁止焊条或焊钳上带电金属部件与身体相接触。焊工必须用干燥的绝缘材料保护自己免除与工件或地面可能产生的电接触。在坐位或俯位工作时，必须采用绝缘方法防止与导电体的大面积接触。要求使用状态良好的、足够干燥的手套。焊钳必须具备良好的绝缘性能和隔热性能，并经常维修功能正常。

所有的弧焊设备必须经常维护，保持在安全的工作状态。修理必须由认可的人员进行。焊接设备必须保持良好的机械及电气状态。损坏的电缆必须及时更换。

主要参考文献

[1] 机械工业职业技能鉴定指导中心．中级电焊工技术．北京：机械工业出版社，2000.

[2] 黄国定，吴克铮．弧焊设备的使用与维护．北京：机械工业出版社，1989.

[3] 机械工业部工人技术培训教材编审领导小组．电焊工工艺学．北京：科学普及出版社，1984.

[4] 化学工业部劳资司．电焊工．北京：化学工业出版社，1989.

[5] 李亚江，刘强，王娟等．焊接质量控制与检验．北京：化学工业出版社，2006.

[6] 丁德全主编．金属工艺学．北京：机械工业出版社，2004.

[7] 杨朝彬编．电焊工．重庆：重庆大学出版社，2007.

[8] 建筑施工手册编写组．建筑施工手册．北京：建筑工业出版社，2003.

[9] 全国焊接标准化技术委员会．二氧化碳气体保护焊工艺规程．北京：机械工业出版社，1999.

[10] 陕西省建筑科学研究设计院．钢筋焊接及验收规程 JGJ 18—2003．北京：建筑工业出版社，2003.

[11] 国家质量技术监督局．焊接与切割安全 GB 9448—1999．北京：中国标准出版社，2003.